JN114194

はじめに
謎の大陸ゴンドワナの恐竜世界へようこそ

　2019年2月、モンゴルのウランバートルを訪れていた。目的は、同年夏に放送予定だったNHKスペシャル「恐竜超世界」の撮影。北海道大学の小林快次博士たちが、デイノケイルスの全身の骨を史上初めて並べてみる、という一大イベントの撮影だった。2日間にも及ぶ撮影を無事に終え、ほっと一息ついた時だっただろうか。小林さんに「恐竜超世界の続編を作るとすると、今度は何をテーマにするとよいか？」とアドバイスを求めると、少し間をおいて小林さんから「ゴンドワナの恐竜」という短い言葉がかえってきた。

　ゴンドワナとは、恐竜時代（中生代）南半球に広がっていた巨大大陸。現在の南アメリカ大陸、南極大陸、オーストラリア大陸、アフリカ大陸などはこのゴンドワナが分裂した結果、誕生している。その巨大大陸で生きていた恐竜たちを特集するべきだ、というのだ。

　それまで、筆者が番組で紹介してきた恐竜といえば、ティラノサウルス（北アメリカ）、デイノケイルス（アジア）、カムイサウルス（アジア）など、北半球の恐竜たちが主だった。

　ゴンドワナ、つまり南半球の巨大大陸で暮らしていた恐竜たちを紹介することの重要性は、現在の動物界を見回しても明らかだった。なぜなら仮に「アフリカ・サバンナのアフリカゾウやライオンが生きる世界」を紹介したとしても、それが現在の動物界全体を代表するものではないことは明白だからだ。アジアには、ジャイアントパンダやユキヒョウが生きる世界があり、北アメリカにはバイソンやピューマが生きる世界がある。オーストラリアにはカンガルーやコアラなど、有袋類の王国が広がっている。広い地球では、それぞれの場所に固有の環境が育まれ、そこに固有の動物が進化し、成り立っているのが現在の多様な動物界なのだ。

　「ティラノサウルスとトリケラトプスの世界」や「デイノケイルスとタルボサウルスの世界」は比較的有名で、派手な世界ではあるが、どちらも「6600万年前の恐竜世界のごく一部」を見ただけに過ぎない。南半球にあった巨大なゴンドワナに、まだ私たちの知らない"独自の恐竜ワールド"が隠れているはずなのは明らかだった。

　こうして2020年には、ゴンドワナの恐竜に関する取材を本格化させることになったわけだが、運悪く、新型コロナウイルスのまん延とタイミングが重なってしまった。当初は取材が思うように進まなかった。2020年春には、アルゼンチンで恐竜化石の発掘の様子をロケすることになり万全の準備をしていたが、出国の前々日に現地から参加ストップの連絡が入り残念な思いもした（この時の発掘でマイプの化石が発見された）。

　その後は、主にリモートで地道な取材を続けてきたが2023年1月、ついに好機が到来した。番組も本書も締め切り直前ではあったが、チリとアルゼンチンを訪ね、撮

影取材できることになったのだ。「さらなる感染爆発で、また直前に出国できなくなったら」という不安もあったが、今回は無事に取材が実現した。おかげで、ついに、ゴンドワナ、特に南アメリカ大陸をのし歩いていた恐竜たちの実物化石の数々を、自らの目で直に見ることが可能となった。訪問するどの博物館にも、筆者の背丈をしのぐ竜脚類の巨大な骨が展示されており、ゴンドワナが文字通り、"超巨大竜脚類の王国"であったことを実感させられた。南アメリカを代表する肉食恐竜カルノタウルスの頭の角は「単なる飾り」という意見もあるが、実際に見ると頑丈で、武器として活用されていたに違いない、と感じた。2021年春の感染爆発で、残念ながら発掘に立ち会うことができなかったマイプの実物化石とも対面できた。その骨の内部は同じ獣脚類の中でも、特に空洞が多く発達しており驚いた。肉食恐竜の巨大種はティラノサウルスやタルボサウルスなど、世界に数多くいるが、マイプは骨の軽量化を極限まで極

めた"特異な巨大肉食恐竜"だったようだ。ギリギリのタイミングでの強行取材だったが、やはり、自分の足で現場を訪ね、自分の目で実物を見、直に感じることの大切さを改めて実感する、実りの多い取材行脚であった。

　本書には、こうして自らの足で出向き、研究者や実物化石と直に会い、見聞（けんぶん）したばかりのフレッシュな情報がたっぷり詰め込まれている。「ゴンドワナの恐竜をめぐる取材行脚」は第1章で特に詳しく紹介しているし、第3章では、"ゴンドワナの恐竜と隕石衝突の知られざる物語"について詳しく紹介している。取材で実感した熱を込めた本文から、今、研究の最前線で浮かび上がってきている「ゴンドワナの恐竜たちの実像」を感じ取っていただければ幸いだ。

NHKエンタープライズ自然科学部
シニア・プロデューサー

植田和貴

筆者の植田和貴

筆者の松舟由祐

目次

What Are Dinosaurs?

恐竜とは何か

恐竜は、中生代に陸上で繁栄した爬虫（はちゅう）類の仲間。骨盤の形の違いに基づいて、大きく2つのグループ「鳥盤類（ちょうばんるい）」と「竜盤類（りゅうばんるい）」に分けられる。

鳥類へ進化した恐竜類

恐竜類が現れたのは中生代の三畳紀後期（さんじょうき）、2億3000万年前のこと。その後、竜盤類が獣脚類と竜脚類に分かれた。

このころ地球上は、大陸が1つになった「パンゲア」を形成していた。

ジュラ紀になると、巨大竜脚類や、現在の鳥類に連なる小型の羽毛恐竜などが現れた。この時代になると巨大大陸は南北2つに分かれていった。

1億4500万年前からはじまる白亜紀には、大陸はさらに細かく分かれ、現在の形に近づいていく。こうした環境の変化に適応すべく、恐竜類も大陸間の移動や孤立によって進化を続けたが、6600万年前の巨大隕石衝突により、鳥類を除いて絶滅した。

		タルボサウルス	トロオドン		アパトサウルス	ステゴサウルス	クリンダドロメウス
		スピノサウルス	オビラプトル		ブラキオサウルス	アンキロサウルス	プロトケラトプス
		アロサウルス	アビミムス		アルゼンチノサウルス	イグアノドン	パキリノサウルス
		シノサウロプテリクス	デイノニクス		ネメグトサウルス	ハドロサウルス	トリケラトプス
		ティラノサウルス	始祖鳥			マイアサウラ	
		デイノケイルス					

鳥類
獣脚類

竜盤類の骨盤
◀頭　腸骨
恥骨　坐骨

竜脚類

鳥盤類の骨盤
◀頭　腸骨
坐骨
恥骨

鳥盤類

ワニやトカゲの骨盤に似て、恥骨が前を向いている。

鳥類の骨盤に似て、恥骨と坐骨が平行に並んでいる。

新生代	古第三紀	
		6600万年前
中生代	白亜紀	
	ジュラ紀	
	三畳紀	2.2億年前
		2.3億年前
		2.5億年前
古生代	ペルム紀	

竜盤類

恐竜

What Are Marine Reptiles?

海竜とは何か

海竜（海棲爬虫類）は、恐竜時代に海の中で繁栄した爬虫類の総称。恐竜ではない、魚竜類、首長竜類、モササウルス類が3大グループだ。

恐竜時代の海の支配者たち

恐竜類よりも一足早く現れたのが「魚竜類」だった。大きな目に特徴があり、泳ぐために4本の足から進化したヒレをもち、イルカのような体型をしていた。6600万年前の大量絶滅を待たずに白亜紀後期には絶滅した。

絶滅した魚竜類に取って代わるように現れたのが「モササウルス類」。有隣類から進化した"海洋史上最強生物"とも言われる一大グループ。4本の足から進化させたヒレと尾ビレとで、水中を泳ぎ回り、魚やカメなどを襲って食べた。

「首長竜類」もまた、4本の足をヒレに進化させて水中を泳いでいた。恐竜より後、三畳紀末に現れ、世界中の海に分布しながら、恐竜と同じ頃に絶滅した。

魚竜類

イクチオサウルス
オフタルモサウルス
ウタツサウルス
シャスタサウルス
タラットアルコン

首長竜類

フタバサウルス
エラスモサウルス
プレシオサウルス
クロノサウルス
リオプレウロドン

モササウルス類

ティロサウルス
カーソサウルス
プラテカルプス
プログナソドン
グロビデンス

6600万年前

白亜紀

中生代　ジュラ紀

三畳紀

2.5億年前

魚竜類

首長竜類

モササウルス類

有隣類

1

ゴンドワナの巨大恐竜王国編

近年、世界の恐竜研究者の注目を集める謎の大陸・ゴンドワナ。そこには全長40m近くにもなる地球史上最大級の巨大恐竜や、長さ30cmにもなる巨大なかぎ爪をもつ肉食恐竜など、これまで知られてきた定番の恐竜世界とは全く違う、独自の生態系が築かれていたことが明らかになってきた。その進化の原動力は、いったい何だったのか？

第1章では、最新研究をもとに「ゴンドワナの巨大恐竜王国」の実態に迫る。

注目高まる謎の大陸 ゴンドワナ

今から約1億5000万年前、ジュラ紀後期の恐竜時代。

地球の様子は、現在と大きく違っていた。

地球には、ゴンドワナという「一塊の超巨大大陸」が存在していたのだ。

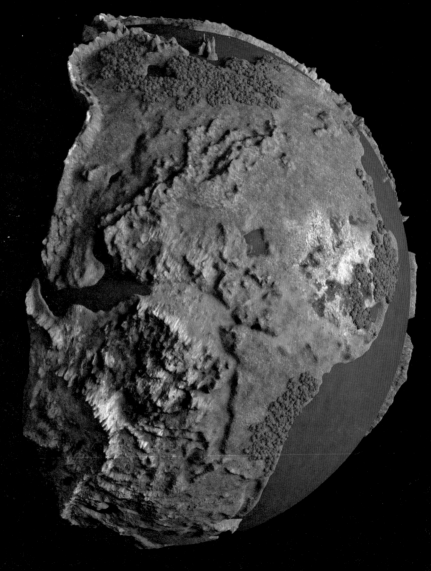

シミュレーションによって導き出された、約1億5000万年前の地球の大陸の配置。
南半球には、巨大大陸「ゴンドワナ」が存在した。

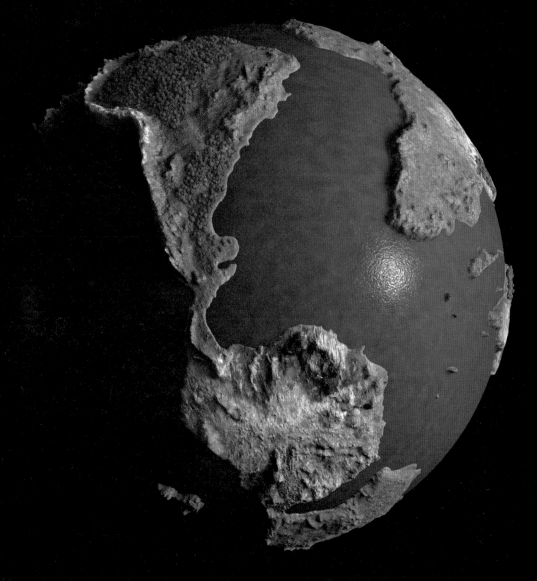

約6600万年前の南半球の大陸の配置。南アメリカ、南極、オーストラリアは、
陸橋でつながり、依然として巨大大陸を形成していた。

　今から約200年前、イギリスで世界で最初
の恐竜・メガロサウルスが発見されて以来、
恐竜研究はヨーロッパや北アメリカ、アジア
など、北半球を中心に進んできた。

　恐竜の代名詞ともいえるティラノサウルス、
トリケラトプス、ステゴサウルスなどは、い
ずれも北半球の恐竜だ。そうしたなか、近年、
大規模な発掘調査が進み、恐竜研究者の注目
を集める場所がある。かつて、南半球に存在
した大陸「ゴンドワナ」だ。

　今から約1億5000万年前、ジュラ紀後期

の恐竜時代。地球の様子は、現在と大きく違
っていた。今ほど大陸がバラバラに分裂して
おらず、南半球には、現在では考えられない
「一塊の超巨大大陸」が存在していたのだ。
これが、ゴンドワナだ。

　その大きさは、現在の南アメリカ、アフリ
カ、アフリカ、南極、オーストラリア、インドを合体し
た面積に達する。現在あるこれらの大陸は、
恐竜時代以降、ゴンドワナが分裂した結果、
生まれた大陸なのだ。

独自の進化を遂げた恐竜たちの世界

ゴンドワナは、プレートテクトニクスにより大陸が分裂をはじめたが、
白亜紀末、南アメリカと南極とオーストラリアは、
陸橋でつながっていたことを「南極ブナ」の化石が教えてくれた。

そこから時代は進み、恐竜時代の末期、白亜紀後期（約1億年前から6600万年前）の地球。ゴンドワナはプレートテクトニクスによる大陸移動で分裂し、アフリカ・インドは完全に独立した大陸となった。

一方の南アメリカ、南極、オーストラリアは分裂が進みながらも陸橋でつながり、いまだひとつながりの巨大大陸を形成していた。

そのことは、この時代の植物化石の研究から裏づけられている。

パタゴニアで発見された南極ブナの葉の化石（左）と、南極で発見された南極ブナの葉の化石（右）。それぞれ化石を含む鉱物が違うため色味は違うが、大きさ・形はほぼ同じ。南極ブナが、南極から南アメリカに渡ったことを示す重要な証拠だ。

　南アメリカの南部・パタゴニアや南極の植生を長年研究してきたチリ南極研究所には、「南極ブナ」という植物の葉の化石が保管されている。この南極ブナは、化石記録からかつては南極やオセアニア地域だけに分布していたことがわかっているが、白亜紀末頃を境に、南アメリカでも見つかるようになるのだ。一般的に、植物は海を越えて分布を広げることはできない。つまり、南極ブナの分布域の拡大は、白亜紀末、これらの大陸が陸橋でつながっていたことを示しているのだ。

　白亜紀後期の南半球に存在した超巨大大陸。そこには、私たちがよく知るティラノサウルスやトリケラトプスが闊歩（かっぽ）する、北半球の"定番の恐竜世界"にはいない、独自の進化を遂げた恐竜たちが暮らしていた。

　第1章では、謎に包まれてきた「ゴンドワナの恐竜世界」をご紹介しよう。

発見続々！
発掘が加速する

近年、大規模な発掘調査が加速するゴンドワナ。
中でも、恐竜化石の一大発掘地として特に注目されているのが、
アルゼンチン北部から南部・パタゴニア周辺に広がる乾燥地帯だ。

バジャダサウルスの模型

ギガノトサウルスの頭骨

［ネウケン］

パタゴニア北部に位置し、白亜紀前期から後期の複数の地層が露出している、アルゼンチン最大級の恐竜産地。世界最大の竜脚類の一種・アルゼンチノサウルスや、最大級の肉食恐竜・ギガノトサウルスやマプサウルスなど、有名恐竜が多数発掘されている。最近では、首にトゲの生えた異形の竜脚類・バジャダサウルスなども発見されている。

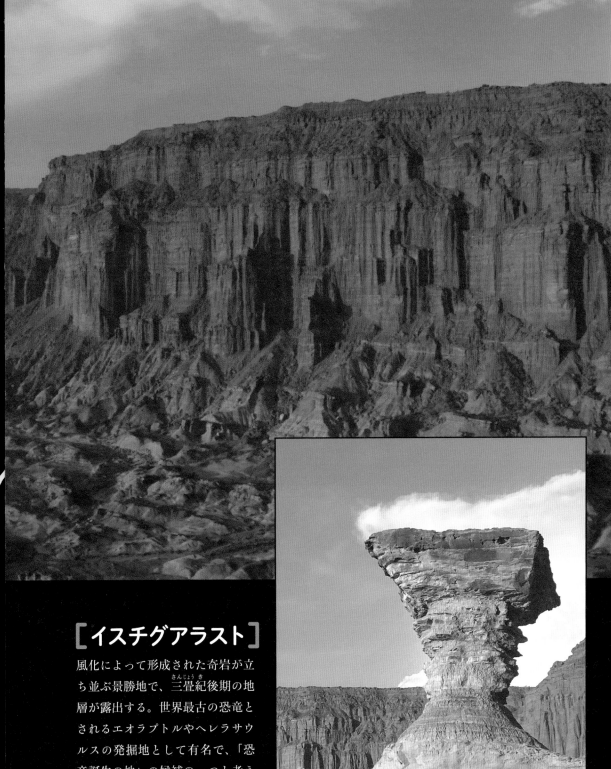

[イスチグアラスト]

風化によって形成された奇岩が立ち並ぶ景勝地で、三畳紀後期の地層が露出する。世界最古の恐竜とされるエオラプトルやヘレラサウルスの発掘地として有名で、「恐竜誕生の地」の候補の一つと考えられている。恐竜化石だけでなく、巨大な爬虫類のグループ「クルロタルシ類」など、三畳紀後期の恐竜のライバルだった生物の化石も数多く発見されている。

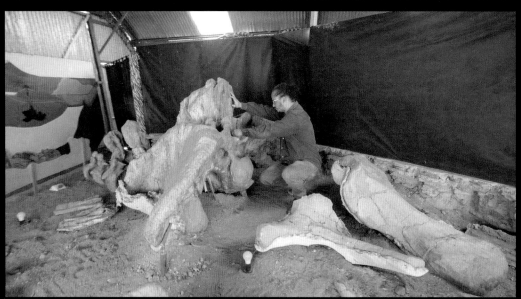

フタロンコサウルスのお尻にあたる部分の巨大な骨をクリーニングする研究者。この骨一つで、人間の大人よりも大きい。

［プロジェクト・ディノ］

巨大な竜脚類・ティタノサウルス類の一種、フタロンコサウルスの産地として知られる、白亜紀前期の地層が露出する場所。現在も未発表の化石を含め、新たな恐竜の化石が次々と発見されており、新たな化石の発見に発掘が追いつかないほどだという。世界中の恐竜学者の注目を集めている。

マイプの化石（撮影協力／ベルナルディーノ・リバダビア自然科学博物館）

［ エル・カラファテ ］

アルゼンチンの恐竜発掘地の中でも、特に近年発掘調査が進んでいる白亜紀後期の地層が露出する場所。2022年には、ここから発掘された新種の肉食恐竜として、世界最大級のメガラプトル類・マイプが発表されており、今後の発掘に大きな期待が寄せられている。

巨大な竜脚類・ティタノサウルス類の一種、ドレッドノータスの実物化石たち。通常、巨大な竜脚類の多くは、太ももの骨1本だけなど、ごく一部しか見つからないことが多いが、ドレッドノータスは巨大竜脚類の中でも、最も多くの部位が見つかっている恐竜の一つである。

ゴンドワナで進化した恐竜たち①

ゴンドワナの恐竜を語るうえで、重要なキーワードは2つある。
その一つが「超巨大化」だ。近年、ゴンドワナの恐竜発掘地・アルゼンチンのパタゴニアを中心に、巨大な恐竜たちの化石の発見が相次いでいる。

チリ、アルゼンチンの各地の博物館で撮影させて頂いた、巨大竜脚類の化石。南アメリカが「巨大恐竜の王国」だったことを示す重要な証拠だ。

その巨大さは、太ももの骨1本で人の背丈をゆうに超え、推定される全長は30m以上にもおよぶ。

これら巨大な化石の持ち主は、ティタノサウルス類と呼ばれる恐竜だ。

ティタノサウルス類は、恐竜の中で最も巨大に進化したグループ「竜脚類」に属し、その竜脚類の中でも、特に巨大化したと考えられている。

これまで南アメリカでは、少なくとも7種類以上のティタノサウルス類が発見されているが、その中でも最も巨大だったと考えられているのが、プエルタサウルスとアルゼンチノサウルスだ。共に推定される全長は、35〜40m。高さは20m、6階建てのビルに相当する。これは、約40億年に及ぶ地球の生命史においても、最大級の陸上生物ということになる。

一般的に、生物は巨大化すればするほど、自ら発する熱が体にこもってしまう傾向にある。プエルタサウルスやアルゼンチノサウルスほど巨大になると、その熱はすさまじく、体温がゆうに40℃を超えていたとする研究もあるほどだ。

この「高すぎる体温」は、生命の体を構成するタンパク質が40℃台半ばで変性してしまうことを考えても、ある種の限界点であり、つまり、プエルタサウルスやアルゼンチノサウルスは、まさに、生命として存在できる巨大化の限界点に達していたともいえるのだ。

もちろん、巨大な竜脚類は北半球からも発見されている。

ジュラ紀の北アメリカにいたスーパーサウルス、同じくジュラ紀の中国にいたマメンチサウルス、白亜紀後期の北アメリカにいたアラモサウルスなども、全長が30mを超える巨大種だ。しかし、ゴンドワナでは、プエルタサウルス、アルゼンチノサウルスに加えて、パタゴティタン、ドレッドノータス、フタロンコサウルス、パラリティタン、など数多くのティタノサウルス類の巨大種が見つかっている。

さらに、ゴンドワナで巨大だったのは、竜脚類だけではない。肉食恐竜の超巨大種も数多く見つかっている。

南アメリカからは、北半球のティラノサウルスに匹敵する全長13m級のギガノトサウルスやマプサウルス、アフリカからは、全長15mにもなる最大の肉食恐竜、スピノサウルスも発見されている。

こうした状況から、ゴンドワナは、北半球をしのぐ超巨大恐竜の王国だった、といえるだろう。

ゴンドワナの巨大恐竜王国編

ゴンドワナで進化した恐竜たち❷

ゴンドワナの恐竜を語るうえで重要な、もう一つのキーワードは「異形」。
異形とはつまり、その姿や形がふつうとは違っていること。
ゴンドワナからは、外見がユニークな恐竜が数多く見つかっているのだ。

　最近の発見で、最も注目を集めたのは、2019年に発表された中型の竜脚類の一種、バジャダサウルスだろう。

　世界の恐竜ファンの度肝を抜いたのは、首にずらりと生えそろった角だ。このような姿をした竜脚類は前例がない。似たような姿をしていた恐竜として、同じくゴンドワナの竜脚類の一種、アマルガサウルスが有名だが（アマルガサウルスも恐竜界では十分に異形なのだが）、バジャダサウルスの首の角は、アマルガサウルスのそれとは一線を画す "ド派手さ" だ。

　さらに、2020年に発表されたスピノサウルスも、ゴンドワナのユニーク恐竜の代表格だ。スピノサウルスは、背中に帆をもつ肉食恐竜で、それだけでも十分にインパクトのある外見だ。

　長年、スピノサウルスは2足歩行の恐竜だと考えられてきたが、近年、新たに見つかった部位の化石から4足歩行で、尾にオタマジャクシのようなヒレをもつ、「遊泳型」の恐竜だったことが明らかになり、スピノサウルスのユニークさに拍車をかけることとなった。

　他にも、2021年に発表されたシダの葉のような形の尾をもつよろい竜・ステゴウロスなど、ユニーク恐竜がゴンドワナで次々と発見されている。こうした派手な外見は、天敵の肉食恐竜から身を守るのにも役立ったし、また一方で、オスとメスがお互いをアピールするのに役立ったとも考えられている。

　ゴンドワナの恐竜たちは、その巨大さだけでなく、姿かたちの可能性も最大限に模索する進化をとげていたのだ。

異形の竜脚類、アマルガサウルスの全身骨格。首から
延びる長い骨は、生きていた時は骨と骨の間に膜のあ
る「帆」のような姿をしていたと考えられている。

1

ゴンドワナの巨大恐竜王国編

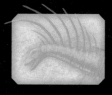

ゴンドワナで
進化した恐竜たち❸

◆ゴンドワナで進化した超巨大恐竜

〈プエルタサウルス〉

植物食恐竜　全長約35～40m　白亜紀後期　アルゼンチン

発見者の名前「パブロ・プエルタ」にちなんで名づけられた、世界最大級の竜脚類の一種。発見されている部位は、首と背中の骨が数点のみと限られているが、それらの骨の巨大さから（背骨一つで1.5m）、全長は最大で40mに達したと推定されている。一般的な竜脚類と比べ、首が上に高くそそり立ち、また、全身ががっちりした骨太な体型なのも大きな特徴だ。その巨体さゆえに、多くの時間を食べることに費やし、1日に数百kgもの木の葉を食べていたと考えられている。最近の研究から、竜脚類の尾はムチのように高速でしなる構造だったことがわかっており、プエルタサウルスの尾も、ムチのような武器として肉食恐竜を撃退するのに役立っただろう。

◆ゴンドワナで進化した超巨大恐竜

《マイプ》

肉食恐竜　全長約10m　白亜紀後期　アルゼンチン

2022年に発表されたばかりの、メガラプトル類という肉食恐竜のグループの新種。マイプという名は、パタゴニア地方に伝わる、冷風で人を凍死させる悪霊の名前からつけられた。メガラプトル類の特徴でもある、前肢に長さ数10cmにもなる巨大なかぎ爪を備えていたと推測され、これを武器に植物食恐竜に襲いかかったと考えられている。マイプはメガラプトル類としては世界最大級で、このことからもゴンドワナが巨大恐竜の王国だったことがうかがえる。近年、メガラプトル類は、肉食恐竜の中でも原始的なグループに属するか、あるいは、鳥類に近い派生的なグループに属するかで研究が分かれているが、今回、NHKスペシャル「恐竜超世界2」では、派生的なグループに属する前提で復元をした。そのため、背中には派生的な肉食恐竜の特徴である羽毛を生やしている。

◆ゴンドワナで進化した超巨大恐竜

【サルタサウルス】

植物食恐竜　全長約13m　白亜紀後期　アルゼンチン

サルタサウルスは中型の竜脚類の一種で、最大の特徴は、アンキロサウルスのような背中の装甲。この背中の突起は皮骨と呼ばれ、一つ一つの突起の大きさは30cmほどにもなる。同じように、背中に鎧のような突起をもつ恐竜はティタノサウルス類の仲間で知られているが、サルタサウルスはその中でも突出して、装甲が発達している。この装甲は、肉食恐竜の攻撃から身を守るのに役立ったと考えられており、本来、その体の大きさが最大の武器となるはずの、竜脚類でさえも装甲をもつということは、ゴンドワナの肉食恐竜と植物食恐竜の生存競争がいかに苛烈であったかを物語っている。また、他の竜脚類よりも、前肢と後肢が、前から見た時に左右に開く感じ（ガニ股風）になっており、大きさの割りにがっしりとした体形だった。

◆ゴンドワナで進化した超巨大恐竜

◤カルノタウルス◢

肉食恐竜　全長約8m　白亜紀後期　アルゼンチン

頭に2本の角を生やした、異形の大型肉食恐竜。アベリサウルス類と呼ばれる、ゴンドワナ特有の肉食恐竜のグループに属する。ゴンドワナの恐竜研究の権威、フェルナンド・ノバス博士によると、角は植物食恐竜と戦うのに役立ったという。また、その骨格の特徴から、尾の周辺に大きな筋肉を備えていたことがわかっており、この筋肉のおかげで早く走ることができたと考えられている。マイプと共に、白亜紀後期のゴンドワナを代表する優秀なハンターだった。一方で、北アメリカのティラノサウルスのように前肢は非常に小さい。しかも、ティラノサウルスでは小さいながらも前肢にかぎ爪を備えているのに対して、カルノタウルスでは、小さな前肢は、人の赤ちゃんの手のような、武器としては到底役立たない形状をしている。この小さな前肢の役割は、よくわかっていない。2021年に発表された研究から、全身をウロコで覆われていた可能性が高いことがわかっている。

ゴンドワナで恐竜が誕生した?

ゴンドワナを語る上でもう一つ、重要なことがある。
それは、ゴンドワナが「恐竜発祥の地」と考えられているということだ。
では、なぜ「ゴンドワナ=パンゲアの南部」で恐竜は誕生したのだろう?

2022年時点で、世界最古と考えられている恐竜の多くは、アルゼンチン北部のイスチグアラストで発見されており、中でも有名なのは「エオラプトル」と「ヘレラサウルス」と呼ばれる2種類の恐竜だ。共に、約2億

3000万年前、三畳紀後期の地層から発見された。厳密にいうと、約2億3000万年前の地球には、まだゴンドワナは誕生していなかった。当時の地球では、すべての大陸が一塊に合体し「パンゲア」と呼ばれる超大陸を形

ヘレラサウルスの頭骨（実物）。骨の形状の特徴から、ヘレラサウルスを恐竜とする説と恐竜よりも原始的な恐竜形類とする説に研究者の意見が分かれている。

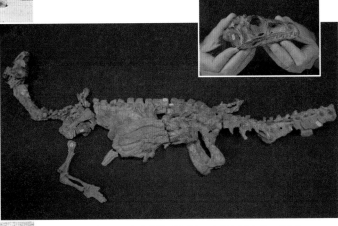

エオラプトルの全身骨格（実物）。2億年以上前の化石にも関わらず、全身の多くの部位が保存されている、まさに「奇跡の化石」だ。

成していた。ゴンドワナはこのパンゲアの南部に位置しており、そこから最古の恐竜が発見されているのだ。

　いったいなぜ「ゴンドワナ＝パンゲアの南部」で恐竜は誕生したのだろう？

　この問いにシンプルに答えられる研究は未だないが、2022年にアメリカの研究グループが発表した論文によると、当時、パンゲアには大陸を東西に横切る強い乾燥気候帯と湿潤気候帯が形成されており、この気候帯が障壁となり、パンゲアの他の地域への恐竜の分散を妨げたとされている。もしかすると、こうしたパンゲアの南端独自の気候環境が、恐竜の起源に何らかの影響を及ぼしたのかもしれない。

　恐竜の起源を長年研究しているアルゼンチン・サンホアン自然科学博物館のリカルド・マルティネス博士によると、エオラプトルは発見された当初は獣脚類という肉食恐竜のグループに属すると考えられていたが、その後の研究で、プエルタサウルスなどが属する、竜脚類の祖先にあたるグループ・竜脚形類に属している可能性が高いことがわかったという。また、三畳紀後期のイスチグアラストからは、全長20mを超える竜脚形類の大型種も複数発見されている。

　これらのことから、地球史上最大級の陸上生物・プエルタサウルスやアルゼンチノサウルスへと続く竜脚類巨大化のストーリーもまた、ゴンドワナから始まったのかもしれないのだ。

Eoraptor lunensis

Significado: Ladrón del Amanecer, del Valle de la Luna.

Antigüedad: 230 millones de años.

Tamaño: 1,5 metros

Procedencia: Ischigualasto.

Descubierto por: R. Martínez. Descripto por Sereno y otros (1993).

◆「恐竜発祥の地」ゴンドワ

≪エオラプトル≫

雑食恐竜　全長約1.5m　三畳紀後期　アルゼンチン

エオラプトルという名前は、恐竜時代の最初期に生息したことにちなんで「夜明けのどろぼう」を意味する。恐竜の中でも、最も原始的なものの一つとされている。2足歩行のおかげで俊敏に動くことができ、このことが同じく三畳紀に繁栄していた他の4足歩行の爬虫類をおさえて、恐竜を大繁栄へと導く一因だったと考えられている。長年、ティラノサウルスなど多くの肉食恐竜が属する「獣脚類」の原始的な種とされてきたが、最近の研究では、プエルタサウルスなどが属する竜脚類の原始的なグループ「竜脚形類」とする見方も強まっている。肉を食べるのに適したナイフ状の歯だけでなく、両側にふくらんだ形状の植物を食べるのに適した歯ももっていることから、雑食性だったことが示唆されている。

◆「恐竜発祥の地」ゴンドワ

◤ヘレラサウルス◢

肉食恐竜　全長約6m　三畳紀後期　アルゼンチン

1963年に命名された、かなり古くから知られている恐竜で、名前の意味は「ヘレラのトカゲ」。化石の発見者の名前、ビクトリノ・ヘレラにちなんでつけられた。ヘレラサウルスは、最古の大型肉食恐竜の一種と考えられているが、先述のリカルド・マルティネス博士によると、恐竜よりも原始的なグループ「恐竜形類」に属する可能性もあるという。後肢の形状から高速で走ることが可能であり、また、前肢には鋭いかぎ爪を備えていたことから、当時の生態系の頂点の一角を担う、優秀なハンターだったことがうかがえる。一方で、頭骨の形状は細長く、目は比較的横向きについていたため、ティラノサウルスなど、より進化した肉食恐竜のように、立体視をすることは難しかったとされている。

◆「恐竜発祥の地」ゴンドワ

◤アルゼンチノサウルス◢

植物食恐竜　全長約35〜40m　白亜紀後期　アルゼンチン

プエルタサウルスと並んで最大の恐竜の一つとされ、同じティタノサウルス類に属している。生息していたのは白亜紀後期ではあるが、プエルタサウルスが生きていたのは白亜紀後期の終わり近く、アルゼンチノサウルスは白亜紀後期の最初期に生きていたため、両者が共存することはなかった。背骨や太ももの骨など、発見されているのはごく一部であるため、そのサイズについては、さまざまな研究で違った結果が出されているが最大に見積もったもので、全長35〜40mほどと推測される。同じ地層から、最大の肉食恐竜の一種であるマプサウルス（全長13m）も発見されていることから、時には両者が激しい戦いを繰り広げていた可能性もある。

◆6600万年前の南アメリカにあった！

修羅の大陸ゴンドワナ

今から6600万年前の地球。南半球に存在した巨大大陸。ゴンドワナ。

木々の生えた丘で休んでいるのは、竜脚類と呼ばれる恐竜のグループの一種、サルタサウルス。

突如、ゴンドワナを代表する大型の肉食恐竜、カルノタウルスが襲い掛かってきた！

頭に生やした2本の鋭いツノで攻撃を仕掛ける。「ブホ──！」サルタサウルスの鳴き声が響く。

カルノタウルスはさらに、強力な尻尾攻撃で畳みかける！

「ズシーン！」

見事、獲物を仕留め、カルノタウルスが獲物にありつこうとした、その時……

「ザシュッ！」
巨大な肉食恐竜が現れた！
2022年に発表されたばかりの新種の肉食恐竜、マイプだ。
群れで、カルノタウルスの獲物を横取りにきたのだ。

巨大肉食恐竜がひしめく「修羅の世界」、ゴンドワナの戦いが始まる。

今回は、群れの連携を生かした、マイプたちが勝った。

悔しそうに立ち去るカルノタウルス。
肉食恐竜は肉を食べることでしか命をつなぐことはできない。

明日からまた、獲物を探す日々が始まる。

マイプが仕留めた獲物（プエルタサウルス）を横取りにきたカルノタウルス。番組ではマイプが戦いの勝者となるが、両者のスペックを考えれば、その戦いは五分五分だったに違いない。

"二強"が君臨する修羅の大陸

北アメリカの "ティラノサウルス科一強の世界" とは違う、
巨大肉食恐竜の「二強」が、当時のゴンドワナには君臨していた。
大型の肉食恐竜の、マイプとカルノタウルスだ！

　白亜紀後期、私たちのよく知る北アメリカで生態系の頂点に立っていたのは、ご存知の通り、ティラノサウルスだ。ティラノサウルスは強力なパワーを備えた顎や、暗闇でも獲物を嗅ぎつける鋭い嗅覚、獲物を確実に捕ら

える立体視のできる目など、まさに「超肉食恐竜」とも呼べる高い能力を備えた最強の捕食者だった。
　さらに、白亜紀後期の北アメリカには、このティラノサウルスの他にも、同じティラノ

サウルス科のアルバートサウルスやゴルゴサ
ウルスがいたこともわかっている。つまり、
当時の北アメリカは、ティラノサウルス科、
一強の世界だったということになる。

　一方のゴンドワナ、南アメリカはどうだっ
たのだろうか。面白いことに、白亜紀後期の
南アメリカでは、大型の肉食恐竜といえば、
全長10mのメガラプトル類・マイプだけで
なく、全長8mのアベリサウルス類・カルノ
タウルスも生息していた。

　両者は、全長13mのティラノサウルスに
は大きさでは及ばないものの、ハンターとし
て優秀な能力を備え、強力な捕食者であった
ことは間違いない。つまり、当時のゴンドワ
ナには、北アメリカの"ティラノサウルス科
一強の世界"とは違う、巨大肉食恐竜の「二
強」が君臨する、独自の生態系ができあがっ

ていたのだ。

　このことは、同じ大陸に暮らす植物食恐竜
たちにとっては、大きな脅威であったに違い
ない。現在のアフリカのサバンナで、ライオ
ンとハイエナが獲物のうばい合いのために、
命をかけた戦いを繰り広げているように、ゴ
ンドワナでも、巨大な肉食恐竜同士の戦いが
起きていただろう。

　まさに、白亜紀後期のゴンドワナは、果て
しのない残酷な戦いが繰り広げられる「修羅
の世界」だったのだ。

◆超巨大な竜脚

ゴンドワナの王者
プエルタサウルスが降臨

「ズシーン　ズシーン」

再び、6600万年前のゴンドワナ。

森をのし歩く、巨大な恐竜。地球史上最大級の陸上生物、プエルタサウルスだ。

全長は35〜40m。高さは6階建てのビルに相当する。

特に高さは、北半球にすむ同じ竜脚類と呼ばれるグループの恐竜と比べても、はるかに大きい。

プエルタサウルスは、大食いだ。

葉っぱを枝ごと、飲み込んでいく。

その巨体を維持するため、1日に数百kgもの植物を食べる。

数時間後には、付近の葉っぱの多くが食べられてしまった。

しかし、この巨体な恐竜たちの食欲を満たして余るほどの食料のキャパシティが、巨大大陸・ゴンドワナにはあったのだ。

森から森へと移動を続けるプエルタサウルスたち。
その様子を、森の中からじっと狙う者がいる。

マイプに獲物を横取りされた、あのカルノタウルスだ。

カルノタウルスの狩りが始まった！
群れの最後尾にいた群れのリーダーがいち早く気付く。

「バチーン！」
なんと……秒殺……。

ゴンドワナでは、巨大なものこそが、強い。
プエルタサウルスは、ゴンドワナでは敵無しの存在なのだ。

プエルタサウルス VS マイプ

大肉食恐竜がひしめき合う修羅の世界・ゴンドワナ。
プエルタサウルスなどの超巨大な竜脚類たちは、
いったい、どのような暮らしを送っていたのだろうか?

まず容易に想像できることは、全長35〜40mにもなる大人のプエルタサウルスにとっては、これらの肉食恐竜は大きな脅威ではなかっただろうということ。いくらマイプやカルノタウルスが巨大な肉食恐竜といっても、プエルタサウルスとの体格差は圧倒的で、人間の大人と赤ちゃんのようなものだ。

しかし、この関係性は、1対1という条件つきだ。現在のサバンナを見ても、ライオンは1頭でキリンを仕留めることはできないが、数頭の群れであれば、体の大きさが数倍以上あるキリンに勇敢に飛びかかり、仕留めてしまう。筆者も、テレビディレクターとして、乾季のサバンナでライオンを撮影したことがあ

るが、飢えたライオンが巨大なカバに集団で襲いかかるのを目撃した。カバは、動物園で見れば優しく大人しい動物に見えるが、野生では、肉食動物を殺すこともある紛れもない「猛獣」だ。しかし、飢えたライオンの群れは、そのカバを仕留めるほどの力を持っている。

　近年の研究から、カルカロドントサウルス類など一部の肉食恐竜は集団で狩りをしていたことが知られており、マイプやカルノタウルスが、集団で獲物を襲っていた可能性も十分にある。飢えたマイプの群れに襲われれば、圧倒的な巨体を誇るプエルタサウルスといえど、逃れられる保証はなかったはずだと、筆者は考えている。

超巨大恐竜誕生の秘密❶ 過激な生存競争

なぜ、ゴンドワナで地球史上最大級の超巨大恐竜が生まれたのだろうか？
まず重要なことは、なぜ生物は巨大化するのか？　という根本的な問いだ。
この問いには、「捕食圧」という言葉が関係している。

　捕食圧とは、ある生物群に対して、捕食者による捕食が及ぼす作用の圧力・プレッシャーを表す。

　たとえば、ある生物に対して、その天敵（捕食者）が１種類しかいない場合よりも、数種類いる場合は「より捕食圧が高い」ということになる。一般的に、生物はこの捕食圧を強く受けることが、巨大化する要因の一つだと考えられている。つまり、植物食恐竜は肉食恐竜に襲われるリスクを下げるために、その体を巨大化する。一方の肉食恐竜は、より巨大化した植物食恐竜を仕留めるために、巨大化する。この巨大化の繰り返しによって、植物食恐竜と肉食恐竜の"巨大化合戦"が起

こっていたと考えられるのだ。

　先に述べたように、ゴンドワナは巨大な肉食恐竜の二強がひしめき合う、修羅の世界だった。そうすると、そこに暮らしていた植物食恐竜には相当な捕食圧がかかっていたに違いない。この強烈な捕食圧から逃れるために、プエルタサウルスをはじめとする竜脚類も巨

大化の道をたどった。そして、その巨大生物を仕留めるために、肉食恐竜も大型化。実は、南アメリカのマイプは、メガラプトル類の恐竜の中では、最大級に巨大化した種だ。

　もしかするとこのことは、南アメリカに超巨大竜脚類がいたことも関係しているかもしれない。

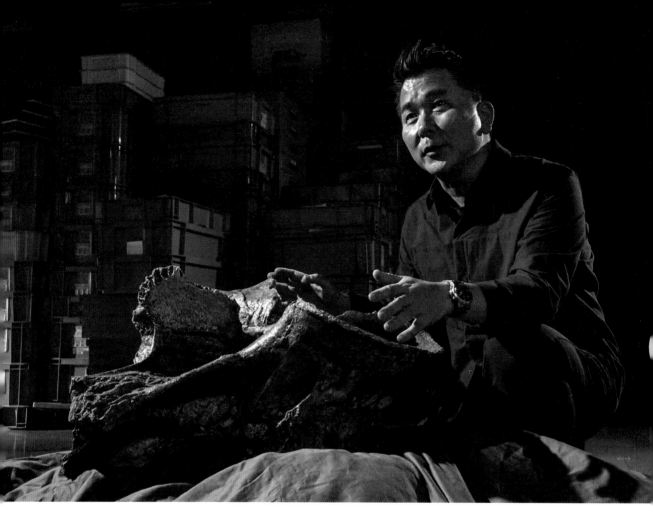

プエルタサウルスと同じティタノサウルス類の巨大な背骨。骨のあちこちにくぼみや空洞があり、そこに気嚢とつながる袋状の器官が入っていたと考えられている。（撮影協力／群馬県立自然史博物館）

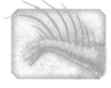

超巨大恐竜誕生の秘密❷
気嚢をもつ呼吸システム

高い捕食圧さえあればどんな生物でも、
プエルタサウルス級の巨体を手に入れることができるのか?
その答えは「ノー」だ。

実は、史上空前の巨大化には、巨大化させるための「要因」である捕食圧の他に、巨大化を可能にする「体内のメカニズム」が必要だったのだ。

その特殊な体内の構造は、「気嚢」と呼ばれている。気嚢とは、現在の鳥類がもつ、体の中に空気を蓄える袋状の器官で、肺とつながり、肺へ空気を送り込んだり、肺から排出された空気を受け止めたりする役割を果たしている。

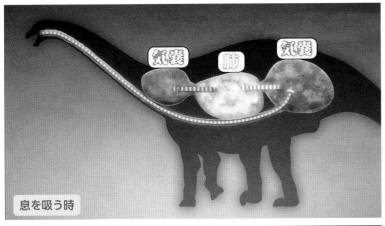

息を吸う時

骨には多くの空洞がある。
（撮影協力／群馬県立自
然史博物館）

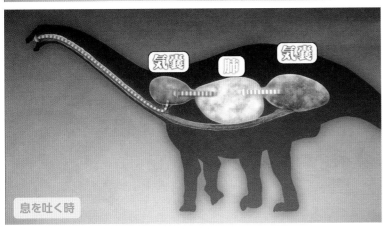

息を吐く時

竜脚類の気嚢の役割を示した図。
上は息を吸う時。気嚢から肺へと新
鮮な空気が供給されている。下は息
を吐く時。吸う時と同様、気嚢から
肺へ新鮮な空気が供給される。気嚢
のおかげで、肺を通る空気の流れが
常に一方向になっていた。

　鳥類はこの気嚢をうまく利用することで、息を吸う時も吐く時も、肺を新鮮な空気が通過するようになっている。気嚢をもたない私たち哺乳類は、息を吸う時にしか、肺に新鮮な空気を取り入れることができない。

　この気嚢を使った効率の良い呼吸のおかげで、鳥類は、飛翔という極めて高度な運動を可能にしているのだ。

　この鳥類がもつ呼吸システムは、その祖先である恐竜が獲得したものだったことがわかっている（鳥類は恐竜から進化したというのが現在の定説である）。複数の恐竜から、気嚢をもっていたことを示す骨の特徴が見つかっており、プエルタサウルスをはじめとする竜脚類も、気嚢をもっていたことが明らかになっている。竜脚類の首の骨や背骨には、多くの空洞があり、そこに気嚢が入り込んでいたと考えられるのだ。

　実は、気嚢をもつ呼吸システムには、骨の中に多くの空洞をもつことで、体を軽量化できるというメリットもある。鳥を手に持ったことがある人は想像できると思うが、鳥類の体は驚くほど軽い。気嚢のおかげで軽い体を手にしたことも、鳥類に飛翔を可能にした大きな要因なのだ。

　プエルタサウルスは、この気嚢のおかげで、その巨体を最大限軽量化することができた。そうでなければ、プエルタサウルスほど巨大な生物は、重力に対してその自重を支えることができなかっただろう。

　巨大化を可能にしたのは、気嚢による軽量化だけではない。気嚢をもつ呼吸システムで、効率よく酸素を取り入れることは代謝を上げることにつながる。恐竜の骨組織の研究から、高い代謝は骨の急成長を可能にすることがわかっており、この「代謝の向上」も巨大化を可能にする気嚢の役割だったと考えられている。

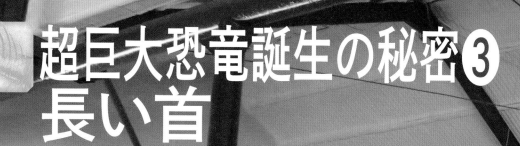

超巨大恐竜誕生の秘密❸
長い首

巨大化を可能にした体のメカニズムは、他にもある。
竜脚類の最大の特徴の一つである「長い首」もまた、
気嚢をもつ呼吸システムと同じく、巨大化に役立ったと考えられているのだ。

アルゼンチノサウルスの長い首。気嚢
システムのおかげで、その巨大さと比
較すると軽い構造になっていた。

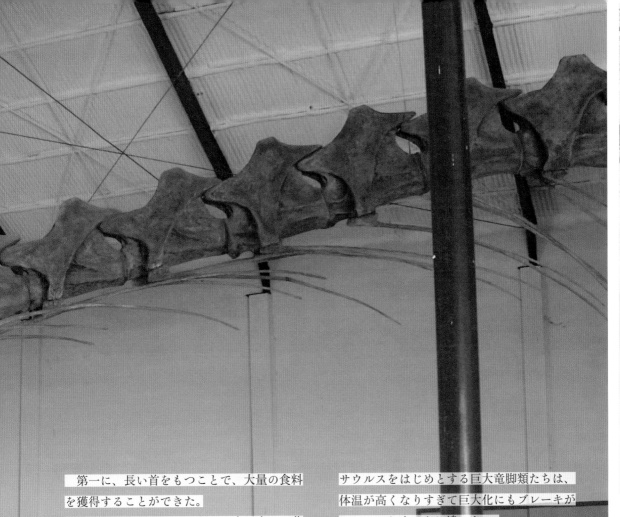

　第一に、長い首をもつことで、大量の食料を獲得することができた。

　他の植物食恐竜が届かない、高い木々の葉を独占して食べることができるし（プエルタサウルスの頭の高さは、6階建てのビルに相当する）、長い首を左右に振ることで、体を移動することなく、効率よく食べることもできた。こうして大量の食料を得ることは、巨大化には欠かせない。

　次に、長い首は巨大化に必要不可欠な「体温調節」にも役立った。

　先ほど述べた通り、生物にとって、巨大化は "体温との闘い" でもある。体が大きくなればなるほど、体内に熱がこもってしまい、生命として存在可能な「体温の限界値」を超えてしまう。その点、竜脚類の長い首と尾は体の表面積を増やし、熱を逃がすラジエーターとしての役割を果たしていたと考えられているのだ。

　この仕組みがなければ、おそらくプエルタサウルスをはじめとする巨大竜脚類たちは、体温が高くなりすぎて巨大化にもブレーキがかかってしまったに違いない。

　さらに、この長い首をもつことを可能にした体の仕組みもある。それは「歯」だ。

　同じ植物食恐竜でもハドロサウルスやトリケラトプスといった恐竜たちは、植物をすりつぶすための頑丈で大きな歯をもっていた。歯が大きくなると頭が重くなってしまい、細く長い首では頭の重さを支えることができない。一方、竜脚類の歯は、驚くほど華奢で "すきっ歯" だ。

　あくまで歯は、木の葉などを口の中に採り入れるためのものにすぎず、植物を丸飲みにして、消化はその巨体に収められた大きな消化器官で行っていた。こうした植物の消化に関する進化の戦略の違いもまた、超巨大化の可能・不可能を分ける要因だったと考えられるのだ。

超巨大恐竜誕生の秘密④
巨大な空間と食料

もう一つ、ゴンドワナの竜脚類の超巨大化に寄与した要因がある。
それは、ゴンドワナがもつ、その広大な空間と、
そこに溢れていた豊富な食糧だ。

一般的に、生物の体サイズと、生息する環境の広さは密接に関りがあることがわかっている。たとえば、北アメリカやユーラシアにすむヘラジカは、体長が３ｍにもなる巨大さだが、日本など島国にすむシカはそれよりもかなり小さい。さらにいうと、日本の中でも、北海道にすむエゾシカよりも、鹿児島県屋久

島にすむヤクシカは非常に小さい。

竜脚類でも同じことが起きていたことがわかっており、ヨーロッパの島に生息していた竜脚類の一種、エウロパサウルスは全長５ｍ程度と、竜脚類の仲間としては破格級に小さい。

白亜紀後期の地球に目を移すと、南アメリカ・南極・オーストラリアがひと繋ぎとなっ

左がヤクシカのオスで右がエゾシ
カのオス。同じニホンジカでも、
体や角の大きさが違う。
（画像提供／小宮輝之／ ruderal Inc.）

た巨大大陸は、地球の陸地の４分の１を占め
るほど、広大だ。また、当時の地球は現在よ
りも暖かかったことがわかっており、ゴンド
ワナの南部、現在は氷に覆われた南極圏でも、

豊かな森が広がっていたと考えられている。
　この広大な食料にあふれた巨大大陸という
素地が、地球史上最大級の恐竜をうむ一助と
なったのだ。

巨大な竜脚類・ティタノサウルス類の卵化石。大きさはボーリングの球ほど。

竜脚類が産んだ
「分厚い卵の殻」の謎

ゴンドワナ・アルゼンチンのサナガスタ地方で、
ジェラルド・グレレット・ティナー博士が発見した恐竜の卵化石。
研究者たちを驚かせたのは、その「殻の分厚さ」だ。

　通常、恐竜の卵の殻は、厚くて3mmから4mm程度。しかし、サナガスタ地方で発見されたものは、なんと厚さ1cm近くにもなる、破格級に分厚い殻の卵化石だったのだ。

　この分厚い殻の卵を産んだ"持ち主"は誰だったのか？

　化石を発掘したゴンドワナの恐竜の繁殖に関する世界的権威、ジェラルド・グレレット・ティナー博士（アルゼンチン国立科学技術評議会研究員）は、卵の形状や、表面の微

ティタノサウルス類の分厚い卵の殻。表面の小さなブツブツがティタノサウルス類の卵の特徴だ。

一般的な竜脚類の卵　　　分厚い殻の竜脚類の卵

分厚い卵の殻と一緒に発見された、厚さの違う卵の殻。表面の構造などから、同じティタノサウルス類の卵と考えられている。同じ恐竜の卵なのに、厚さが違う理由とは……？

細な構造を分析し、この卵が「竜脚類」、その中でもプエルタサウルスなどが属する、ティタノサウルス類の卵であることを突き止めた。地球史上最大、通常では"あり得ない"巨体を手にしたティタノサウルス類は、その卵も"あり得ない"分厚さだったのだ。いったいなぜ、彼らはこれほど分厚い卵を生んでいたのか？　その謎に迫っていこう。

　まず、厚さ１cmの卵の殻は、どれほどの強度をもっているのか？

　今回番組では、卵の強度を知るための実験を行った。用意したのは、中身が空のダチョウの卵。ダチョウの卵の殻は、その厚さが２mmほど。はたして、２mmの殻はどれほどの強度をもっているのか？

　「粉々に割れたらどうしよう……」とドキドキしながら、アクリル板で作成した台に、ダチョウの卵を力の限り強く打ちつけてみた。

　結果は……割れない！

　渾身の力を振り絞って何度も打ちつけてみたが、全く割れる気配がない。まさか厚さ２mmの卵の殻に、これほどの強度があるとは全く想像していなかった。厚さ２mmがこの強度なら、厚さ１cm近くのティタノサウルス類の卵となれば、相当の強度をもっていたに違いない。

　ティナー博士も「これほど殻の分厚い卵であれば、当時のゴンドワナで捕食されることはほとんどなかった」と考えている。つまり、分厚い卵の殻は、中の赤ちゃんの生存率を高めるのに役立ったと考えられるのだ。

南アメリカでは竜脚類の巣が同じ場所で大量に見つかっていることから、彼らは集団で産卵をしていたことが示唆されている。

"リモート"で
子どもを守った!

なぜ、プエルタサウルスをはじめとするティタノサウルス類は、
赤ちゃんの生存率を高めるのに卵の殻を分厚くするという
戦略をとったのだろうか?

　実は、分厚い殻の卵を産むことは、母親にとっては非常に負担が大きい。卵の殻は炭酸カルシウムでできているが、このカルシウムは、母親が体内で自らの骨を溶かして作り出したものだからだ。

　しかし、ティタノサウルス類には、大きなコストを払ってでも、殻を分厚くする必要があった。なぜなら、彼らは一部の肉食恐竜や植物食恐竜がそうしていたように、卵を産んだ巣に寄り添って、外敵から守ることができ

卵を産むメスのプエルタサウルス。どのような体制で卵を産んでいたかの証拠はないが、今回番組では、現在の巨大な陸上動物であるゾウが、しゃがむ動作ができることを参考に動きを再現した。

産み落とされた卵を食べにきた肉食恐竜・アベリサウルス。ティナー博士によると、厚さ1cmの卵の強度は非常に高く、どのような肉食恐竜にも捕食されることはなかったという。

なかったのだ。

　あまりにも大きすぎる巨体を手にしたティタノサウルス類は、もし卵を産んだ巣のそばに留まれば、その巨体で卵を踏みつぶしてしまう危険性が極めて高い。また、体が大きすぎて、卵を繊細にあつかうこともできない。彼らは、せっかく産み落とした卵から離れな

くてはならない宿命だった。そこで、卵の殻を異常に分厚くすることで、巣のすぐそばに留まることなく、外敵から卵の中の赤ちゃんを、いわば"リモート"で守ろうとしたのだ。

　「分厚い殻の卵は、まさに親の愛情そのものだった」とティナー博士は話す。

卵を産み落とした巣を離れるプエルタサウルス。卵を踏みつけてしまう危険性が高いため、巣を離れなくてはならない。

温泉が卵の殻を溶かす!?
驚きの繁殖術

分厚い殻の卵を産むことには、赤ちゃんの生存率を高めるという
大きなメリットがあったが、一方で"ある問題"をはらんでいた。
卵の殻が分厚すぎて、中の赤ちゃんが出てこられないのだ。

　巣のそばで、卵をケアをする恐竜であれば、卵が孵化（ふか）するタイミングを見計らって、親が殻を割る手助けをすることもできる。しかし、先ほどのべた通り、ティタノサウルス類は"リモート"で赤ちゃんを守っていたため、

そうすることはできない。しかし、ティナー博士の研究によれば、巨大な竜脚類たちは、その問題も巧みにクリアしていたという。
　まずヒントとなったのが、アルゼンチン・サナガスタ地方の発掘地で、分厚い卵の殻の

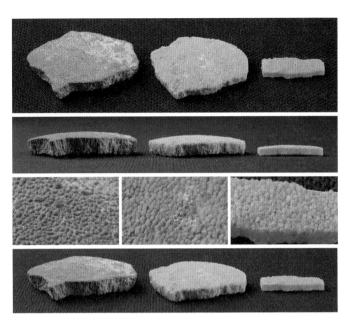

温泉水の酸で殻が溶ける。

左が産み落とされたばかりの分厚い卵の殻。真ん中が、少し酸で溶けて薄くなった卵の殻。右がさらに酸で溶かされた薄い卵の殻。殻が薄くなるにつれ、卵の表面のブツブツが滑らかになっており、酸で溶かされた結果と考えられている。

卵の殻が温泉水の酸で溶かされたことで、中の赤ちゃんが生まれるときには、赤ちゃんが簡単に殻を割れる厚さになっていた。

化石と一緒に発見された、特殊な鉱物だ。これらは、ケイ酸塩や炭酸塩が結晶化したもので、温泉など地熱地帯でよく見かける鉱物だ。つまり、彼らが卵を産み落とした場所が、地熱地帯であったことを示す証拠なのだ。

次に、ティナー博士が発見された卵の殻をよく観察すると、一様にすべてが分厚い殻というわけではなく、中には厚さが5mmや2mmのものも混ざっていることがわかった。さらに、竜脚類の卵の殻の表面を詳細に見てみると、薄い卵の殻ほど、表面が溶けて凹凸が小さくなっていることが判明したのだ。

「地熱地帯」と「表面が溶けた薄い卵の殻」。これらからティナー博士が導き出した、ティ

タノサウルス類の繁殖のメカニズムはこうだ。

卵が地中に埋められてから孵化するまで、およそ3カ月。その間、地熱地帯の地中で染み出した酸性の温泉水によって、分厚い卵の殻が少しずつ溶けていく。そして、卵が孵化するころには殻は2mmほどの薄さになり、中の赤ちゃんが割って出てくるのに、ちょうどよい厚さになっていたという。

これは、卵をすぐそばでケアすることのできないプエルタサウルスをはじめとするティタノサウルス類が、厳しい弱肉強食の修羅の世界・ゴンドワナで、なんとか命を繋ごうと生み出した、画期的な繁殖術だった。

まだまだいる！
異形恐竜たち

北半球の定番の恐竜世界とは違った環境で、
独自の進化をとげたゴンドワナの恐竜たち。
最新研究をもとに復元した、異形恐竜たちを見ていこう。

スピノサウルスの尾椎
から突き出た、長いと
げ状の骨。この突起に
より、尾の表面積を大
きくして、尾はヒレの
ように使っていた。

PAOLO VERZONE ／ NATIONAL GEOGRAPHIC

同じ地層から全長2m近くにもなる巨大なシーラカンスの化石が発見されているため、シーラカンスはスピノサウルスの主食の一つだったと考えられている。

◆異形恐竜

《スピノサウルス》

肉食（魚食）恐竜　全長約14m〜16m　白亜紀後期　モロッコ

スピノサウルスは研究の進展によって、劇的に復元の姿が変わった恐竜の代表格だ。発表されたのは1915年とひじょうに古いが、第二次世界大戦の戦火で標本の多くが焼失してしまったため、残されたわずかな標本から全身像が復元されていた。そのため、長年、2足歩行型の肉食恐竜として描かれてきたが、近年、モロッコで新たな標本が次々と発掘されたことで、4足歩行で尾にヒレをもつ遊泳型恐竜だった可能性があることが判明した。しかし、その遊泳能力については賛否両論で、水中を巧みに泳いでいたという説もあれば、水中を泳ぐことはできず、浅瀬を歩いていたとする説もあり、議論が続いている。今回番組では、モロッコで新たな標本を発見したスピノサウルスの研究者、ニザール・イブラヒム博士の研究をもとに、遊泳型恐竜として復元した。

◆異形恐竜

【バジャダサウルス】

植物食恐竜　全長約12ｍ　白亜紀後期　アルゼンチン

バジャダサウルスが記載されたのは、2019年。竜脚類としては比較的小型の種だが、首にそびえ立つトゲの強烈なインパクトで、恐竜ファンを魅了するゴンドワナのニューカマーだ。最近、このトゲは、神経棘と呼ばれる首の骨の一部が突き出したもので、近縁種のアマルガサウルスのように、膜を張った「帆」になっていたという研究もあるが、バジャダサウルスを記載した研究チームは、帆ではなく、角質に覆われた角状の器官だったという考えを支持しており、今回番組では帆ではなく、角状の復元をした。首のトゲは大きく前方を向いていることから、植物食恐竜のため積極的に他の恐竜を攻撃することはなかったにせよ、肉食恐竜に襲われた際の防衛手段として、大いに役立ったと考えられている。

◆異形恐竜

〈マシアカサウルス〉

肉食恐竜　全長約2m　白亜紀後期　マダガスカル

マシアカサウルスはゴンドワナ固有の肉食恐竜のグループ、アベリサウルス類に属する小型の恐竜だ。一番の特徴は、前に飛び出した鋭い歯。その顔つきは、まるでエイリアンのようだ。顔が異形な恐竜の代表格といえるだろう。この飛び出した前歯が何に役立っていたのか、詳しいことはわかっていないが、一説には、水中の魚を突き刺すのに役立ったともいわれている。いずれにせよ、マシアカサウルスは小型で、かつ体つきもほっそりとしているため、俊敏に動いて獲物を狩ることができる、優秀なハンターだったに違いない。当時、同じマダガスカルには、より大型の肉食恐竜・マジュンガサウルスも生息していたため、マシアカサウルスは彼らとうまく棲み分けをしながら暮らしていたのだろう。

◆プエルタサウルスの赤ちゃんのサバイバル

赤ちゃんは格好の獲物だった

プエルタサウルスたちの産卵から3カ月後。再び、6600万年前のプエルタサウルスの産卵場。

「パキッ!」
あ! 卵が割れた! プエルタサウルスの赤ちゃんだ。

かわいい! 次々と生まれてくる。

「ガブリ!」
そこへなんと、マイプの子どもが襲いかかってきた!

赤ちゃんが最も無防備になるこの瞬間を待ち
わびていたのだ。
早く、安全な森へ！　必死に逃げ出す赤ちゃ
んたち。
しかし、その行く手を大人のマイプが阻む！

騒ぎに、巣の近くの森にいたプエルタサウル
スの親が気付いた。
しかし、その目の前で、次々と赤ちゃんが
食べられていく。
すぐに助けに行きたいが、
赤ちゃんを踏みつけてしまう
危険性もある……。

「バシ ── ン!!」

プエルタサウルスの親が、しっぽ攻撃で助けに入った！
わが子を守りたいプエルタサウルスと、獲物を得て子を
育てたいマイプ。

命を繋ぐための
熾烈（しれつ）な戦いが始まった……。

1ゴンドワナの巨大恐竜王国編

王者 VS 王者
死闘の結末

今回、番組の前編では全編を通じて、恐竜と恐竜の「戦い」を徹底的に描いた。厚い殻に守られて、ようやく孵化(ふか)の瞬間を迎えたプエルタサウルスの赤ちゃんたち。しかし、野生の世界では、この瞬間こそが最も危険なときである。

現在でも、一斉に孵化したウミガメの赤ちゃんが海鳥に次々と食べられてしまうことがある。それと同様に、プエルタサウルスの赤ちゃんたちも、さまざまな天敵に食べられてしまったに違いない。

このシーンの描写では、あえて残酷な捕食の様子もリアルに描いた。筆者もアフリカのサバンナで肉食獣の狩りを目撃したことがあるが、その様子は、想像以上に残酷だ。しかし、それがリアルな自然なのだ。赤ちゃんを

巨大なマイプを首の力で空中に放り投げるプエルタサウルス。史上空前の巨体から繰り出されるパワーは、私たちの想像を絶するものだったに違いない。

不運にも戦いの最中に崖から落ちて命を落としたプエルタサウルスとマイプ。すべては次の世代に命をつなぐため。その命が無駄になることはない。

守るために戦う、プエルタサウルスとマイプの死闘は、壮絶なものだったに違いない。この戦いを通じて描きたかったのは「彼らが命をつなぐために必死に戦っていた」という事実だ。

　命をつなぐのに必死なのはプエルタサウルスだけではない。肉食恐竜のマイプもまた、植物食恐竜を襲い、その肉を食べることでしか、次の世代へ命をつなぐことはできない。

肉食恐竜は「肉食の宿命」を抱えているのだ。互いが次の世代へ命をつなぐために、善悪を超えた戦いが、修羅の世界・ゴンドワナで、恐竜時代を通じて数千万回、数億回と繰り広げられていただろう。

　しかし、この戦いこそが、「超巨大化」など他の生物が成しえなかった「空前の進化」を、恐竜たちへもたらす大きな原動力だったのではないだろうか。

職人たちのこだわり
恐竜の「個体差」を描く

上段：体色が薄い通常のプエルタサウルス（左）と、体色の赤みが強いプエルタサウルス（右）。
下段：体色の鮮やかさを抑えた通常のマイプ（左）と、体色の青みが鮮やかなマイプ（右）。

今回、NHKスペシャル「恐竜超世界2」では、さまざまな恐竜たちを最新研究をベースに高精細の3Dモデルで復元した。番組では、まるで恐竜時代へタイムスリップして生きた恐竜を目撃しているかのような"フォトリアルな恐竜"を目指し、羽毛やウロコの質感、眼球など細部にこだわって制作を進めてきた。そしてさらに、2019年に放送したNHKスペシャル「恐竜超世界」よりパワーアップした要素が「恐竜の個体差」だ。

まずは「色の個体差」について。今回、番組の主人公であるプエルタサウルスとマイプでは、他の個体と比べて体色の濃い個体を制

作した。具体的には、プエルタサウルスでは体色の赤がより濃い個体、マイプでは体色の青が濃い個体を制作した。色の個体差は、現在の生物でも見られる。たとえば、イグアナやトゲオアガマなど一部のトカゲには色の個体差があり、爬虫類の生態に詳しい静岡大学の加藤英明博士によると、トカゲの仲間では特に繁殖力の強いオスが体色の濃い傾向がみられるという。こうしたことをベースに、今回番組では群れのリーダー的存在である個体に体色の濃いモデルを採用した。

次にこだわったのは「成長による個体差」だ。今回、番組では主人公・プエルタサウル

生まれてまもない、プエルタサウルスの
赤ちゃん。赤ちゃんらしい皮膚の照りや、
ムチムチ感にこだわって制作した。

S_PUB_v004 by rarai - 2022.09.21 (0467)

20歳ぐらいの若いプエルタサウルス（左）と、80歳ぐらいの老いたプエルタサウルス（右）。目のまわりの皮膚のたるみや、肌に刻まれた深いシワを表現した。

スの赤ちゃんから死ぬ間際の老体までの、まさに"恐竜の一生"を描いている。これまでの番組では、こうした恐竜の成長を描く場合、同じ恐竜モデルの大きさを変えて再現することが多かったが、今回は、たとえば20歳ぐらいの「成体モデル」と80歳になる「老体モデル」ではモデルのテクスチャを変更して「老い」を表現している。現在のゾウガメなどで加齢に伴うウロコの変化が見られることを参考に、老体モデルでは色を褪せさせたり、シワの溝を深くしたりした。こうした個体差

によって、80年近くに及ぶ、老体の恐竜の生き様を表現したかったのだ。一方で、生まれたばかりの赤ちゃんモデルでは、肌の張りの強さや照りをしっかり出して、生まれたての若々しさを表現した。

実は、こうした細部にわたる個体差のこだわりは、番組を見た視聴者が一目見てすぐにわかるものではない。しかし、潜在的な印象を視聴者に与えることで、より大きな感動を生み出す力になっていると筆者は信じている。

2

世界の
恐竜王国編

新たな恐竜が次々と発見されているのは、ゴンドワナだけではない。
恐竜学の本場・アメリカ、アジア、そして近年では日本でも大発見
が相次いでいる。さらに、"もう一つの恐竜世界"が広がっていた
のは、なんと「海」。
第2章では、恐竜時代の地球に広がっていた「恐竜」と「海竜」
の世界を見に行こう。

北アメリカの恐竜たち

恐竜の代名詞ともいえるティラノサウルスやトリケラトプスが暮らしていた「王道の恐竜王国」、白亜紀後期の北アメリカ。最新研究をベースにした復元で、北アメリカの恐竜たちをご紹介しよう。

《ティラノサウルス》

獣脚類　全長約13m　白亜紀後期

1902年にアメリカのモンタナ州で発見され、1905年にティラノサウルス・レックスと命名された、もっとも有名な最強恐竜。肉食恐竜として知られているが、脳の形を細かく調べた結果、脳の前方にある「嗅球」と呼ばれる部分が巨大化していることがわかった。そのことから、抜群の臭覚をもち、暗がりの世界でも狩りをしていたとされる。また、顎の中に神経と血管の量が他の恐竜よりも多いため、敏感な顎を使って子どもくわえるな、子育てに役立てていた可能性が高いとされている。

｜アンキロサウルス｜

装循類　全長約10m　白亜紀後期

頭部から背中に、鎧のような皮骨に覆われた植物食恐竜で、よろい竜としては最大級。アメリカのモンタナ州やカナダのアルバータ州などで発見されている。名前のアンキロは、「皮骨が融合した」という意味で、サウルスは「トカゲ」。尾の先にある骨のこぶは、肉食恐竜からの攻撃に対して、応戦するのに使われたとされる。

ティラノサウルスの攻撃に、尾の先にあるこぶで応戦するアンキロサウルス。

⟨エドモントサウルス⟩

鳥脚類　全長約12m　白亜紀後期

ハドロサウルスの仲間の中で、最大級のかものはし恐竜。ミイラ化した化石が見つかっており、皮膚の構造がわかっている。植物食恐竜で、長い口には複数の歯が一枚板のように合わさった、デンタルバッテリーと呼ばれる歯の列をもつ。最近の研究では、頭部にニワトリのようなとさかをもっていたと考えられている。

ティラノサウルスに応戦するトリケラトプス。

◥トリケラトプス◣

周飾頭類　全長約9m　白亜紀後期

ティラノサウルスと同じ時期に、同じ地域でくらしていた植物食恐竜で、角竜としては最大級。角竜は、白亜紀後期には4足歩行するようになり、体も大型化した恐竜の仲間だ。名前の「トリケラトプス」は、3本の角をもつ顔という意味をもつ。特徴的な角は、はじめは上向きにつくが、成長過程で正面向きに伸び、また、フリルの縁にあるスパイク（トゲのような角）は、低くなることが2006年に報告された。

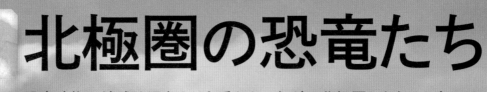

北極圏の恐竜たち

恐竜時代、地球は現在よりも暖かかったが、北極圏ともなると冬には深い雪に覆われたと考えられている。しかし、そんな極寒の厳しい世界にも、恐竜たちは暮らしていた。

◀トロオドン▶

獣脚類　全長約3m　白亜紀後期

頭蓋骨が鳥類に似た小型の羽毛恐竜で、体に対する脳の割合が恐竜界で最も大きいため、"賢い恐竜"として有名だ。大きな目をもつため、暗い時間でも活動ができ、目が前に向いて並んでいることにより立体視が可能で、狩りが上手だったとされる。カナダやアメリカなどにも生息していたが、北極圏のトロオドンは特に大型だった。

パキリノサウルスは大きな群れをつくり、
移動生活をしていたとされる。

パキリノサウルス

周飾頭類　全長約8m　白亜紀後期

大型の角竜で、名前の「パキリノ」は、厚い鼻の意味があり、鼻の上に大きなこぶがあったとされるが、今回、アルバータ大学のフィル・カリー博士のアドバイスにしたがい、つぶれた感じの鼻先の角に、化石には残らないケラチン質でできた大きな角が生えていたという説をもとに再現している。また、皮膚がウロコで再現されることが多いが、今回は極圏、寒さへの適応の結果として毛が広範囲に生えている姿を再現した。

【ナヌークサウルス】

獣脚類　全長約6m　白亜紀後期

2014年に発表された、アラスカで発見された小型のティラノサウルスの仲間。名前の「ナヌーク」は、イヌイットの言葉でホッキョクグマを意味する。寒さへの適応の結果、全身に羽毛を生やしていた可能性は高く、また、羽毛の色はわかっていないが、今回、北極圏に暮らすホッキョクグマを参考に白く見える羽毛を生やす姿に再現した。白色であれば雪原の世界で見事な保護色となり、狩りに有利となったはずだ。

アジアの恐竜たち❶（モンゴル）

北アメリカと並ぶ、もう一つの王道の恐竜世界、アジア。タルボサウルスや
プロトケラトプスなどの有名どころだけでなく、デイノケイルス、ハルシュカ
ラプトルなどの新種も、近年、次々と発見されている。

◤デイノケイルス◢

獣脚類　全長約11m　白亜紀後期

約50年前、モンゴルで3m近い巨大な2本の腕だけが見つかり、長い間、謎の恐竜と
されてきた。2006年、2008年、2009年に行われた発掘調査で、全身化石をついに発見、
2014年に科学誌「ネイチャー」で全身の姿が初公開された。姿がダチョウに似たオル
ニトミムスの仲間で、主食は植物とされているが、胃から魚の骨や鱗が見つかっており、
ときには魚も食べていたと考えられる。顎先には平たいくちばし、背には大きな帆をも
ち、明らかになった姿は、他のどの恐竜とも似ていない独特な姿だった。

デイノケイルスはオルニトミムスの一種のため、
抱卵していたと想定して再現した。

【タルボサウルス】

獣脚類　全長約10m　白亜紀後期

モンゴルで発見された大型の肉食恐竜で、ティラノサウルスに姿が似ていることから、アジアのティラノサウルスと呼ばれる。体つきはやや細めで、目の上には小さな突起があり、前肢はティラノサウルスの仲間の中でも特に小さい。同時代に生きていた恐竜の骨に、タルボサウルスの噛み跡が残っているものがあり、当時、も王者として君臨していたことが示唆されている。

タルボサウルスに、巨大な腕を広げて威嚇するデイノケイルス。

〘ハルシュカラプトル〙

獣脚類　全長約1m　白亜紀後期

モンゴルの恐竜で、小さな歯が魚を捕まえるのに適していたこと、前肢（ぜんし）がヒレ状のことなどから、水中で魚を捕らえていたとされている。また鼻先には、圧力を感知するための神経や血管が入っていたと思われる空洞があり、水中の獲物を見つけやすくしていたと考えられている。

〘アビミムス〙

獣脚類　全長約2m　白亜紀後期

モンゴルに生息していたマニラプトルの仲間で、名前は鳥もどきの意味をもつ。長い首をもち、丸みをおびた頭には、オウムのようなくちばしがあった。アビミムスの足跡が一カ所から多数見つかっており、集団で規則正しく走っていたと考えられている。

〘ザナバザル〙

獣脚類　全長約3m　白亜紀後期

モンゴルに生息していた、"賢い恐竜"として有名なトロオドンの仲間で、小型恐竜が多いトロオドンの仲間の中では最大級。当時、オビラプトルなどが抱卵をし、子育てしていたと考えられるが、彼らの巣に集団で襲いかかり、卵を奪っていたとされる。

≪テリジノサウルスの仲間≫

獣脚類　全長約8〜11m　白亜紀後期

1940年代に発見されたモンゴルのミステリー恐竜テリジノサウルスは、長い首と小さな頭、そして、1m近くある巨大なかぎ爪をもつ。名前の「テリジノ」は、鎌を意味するが、かぎ爪や強靱な腕を使って樹木の枝を引き寄せ、葉や果実などを食べていたとされる植物食恐竜だ。

≪プロトケラトプス≫

周飾頭類　全長約2m　白亜紀後期

モンゴルや中国で発見される角竜。トリケラトプスの祖先とも呼べる恐竜で、頭に角はないが、大きめなフリルをもつ。化石が集団で見つかることも多く、群れで生きていたと考えられる。15頭の赤ちゃんが巣の中にいる化石も見つかっており、親が子育てをしていたかもしれない。

アジアの恐竜たち❷（日本）

近年、日本の恐竜研究者やアマチュア化石発掘家のめざましい活躍により、これまで恐竜研究の空白地帯とされてきた「日本の恐竜世界」が見えてきた。パラリテリジノサウルスなど、新種も続々、発見されている。

≪カムイサウルス≫

鳥脚類　全長約8m　白亜紀後期

北海道のむかわ町で発見された、植物食恐竜のハドロサウルスの仲間で、愛称はむかわ竜。全身の、約8割もの化石が見つかっている。2003年に最初の化石が発見されていたが、2011年に恐竜のものだと判明した。2019年に新属新種として認められ、「カムイサウルス・ジャポニクス」と命名された。

❰巨大竜脚類❱

竜脚形類　全長約30m　白亜紀後期

2017年、岡山理科大学の石垣忍特担教授がモンゴルのゴビ砂漠で、モンゴルとの共同調査中に直径１mを超える巨大竜脚類の足跡を発見した。足跡から推定した全長は30m以上あり、１億5000万年の長い歴史の中で最大級の恐竜だ。当時、ゴビ砂漠と日本は陸続きだったため、日本に来ていたとしてもおかしくないという。

❰パラリテリジノサウルス❱

獣脚類　全長約3m　白亜紀後期

2000年、北海道中川町で発見されたテリジノサウルスの仲間。2022年に新属新種として認められ、「パラリテリジノサウルス・ジャポニクス」と命名された。肉食恐竜が多い獣脚類のグループに属するが、テリジノサウルスの仲間は進化と共に爪の役割が変化し、樹木の枝を引き寄せ、葉などを食べていた可能性が高い植物食恐竜だ。

◤スピノサウルス類◥

獣脚類　白亜紀中期

2015年、群馬県神流町（かんな）で、歯化石の一部が発見されたスピノサウルス類。再現は、北海道大学の小林快次教授の監修のもと、アフリカのスピノサウルス類スコミムスを参考にした。

◤タンバティタニス◥

竜脚形類　白亜紀前期

2006年、兵庫県丹波市で発見された竜脚類ティタノサウルスの仲間で、愛称は丹波竜。竜脚類としては中型ではあるが、全長が十数mあったと考えられ、日本史上最大級の陸上生物だ。2014年に新属新種として認められ、「タンバティタニス・アミキティアエ」と命名された。

背中には小さな帆があったとされ、ワニと同じく口先にセンサーがあり、水中につけて獲物を感知して捕らえていたと考えられる。

◤ヒメウーリサス◢

獣脚類　白亜紀前期

2015年、兵庫県丹波市で発見された世界最小の（非鳥類型）恐竜卵殻化石で、大きさはウズラの卵ほど。2020年に新属新種として認められ、「ヒメウーリサス・ムラカミイ」と命名された。卵を産んだ親の化石は見つかっていないが、現在のカモメほどの大きさの、小型獣脚類恐竜だったと推定せれている。

◤ノドサウルス類◢

装楯類　白亜紀後期

1995年、北海道夕張市で、日本で初めて発見（頭骨の一部）されたよろい竜のノドサウルス類。アンキロサウルスと同じ仲間だが、尾の先にある骨のこぶは無く、背中に装甲板というカメの甲羅のようなものをもつ。北アメリカの海岸線でよく見つかるが、アジアで発見した化石としてはとても貴重だ。

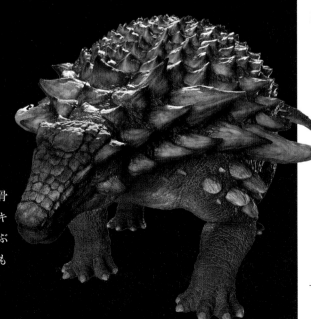

海竜の世界

恐竜時代、今もそうであるように、地球の大部分は海だった。
そしてそこには、"もう一つの恐竜世界"が広がっていた。
海にすむ巨大な爬虫類、「海竜」たちの世界をご紹介しよう。

アンモナイトの殻の中にある気体を
抜くため噛みついたプログナソドン。

◤モササウルスの仲間 プログナソドン◢

モササウルス類　全長約13m　白亜紀後期

2014年、大阪府泉南市の山中で発見されたモササウルスの仲間。発見された下顎（したあご）の一部が、他の地域で見つかったものと比べて幅が大きく、頭部の大きさは1m以上あり、推定全長は約13mとされる。世界最大級の巨大モササウルス類だとわかった。

胎生の獲得によって、陸に移動せずに海の中で出産ができたモササウルス類。
体のつくりも、お腹の中で赤ちゃんを育てやすいように進化していった。

2

世界の恐竜王国編

首長竜類

首長竜類　全長約8m　ジュラ紀から白亜紀

恐竜時代の海棲爬虫類（かいせいはちゅうるい）の中では、最も多様化したグループ。南極を含むすべての大陸で化石が見つかっている。首の短い種もいたが長い種が大半をしめる。長い首の役割はよくわかっていない。日本で見つかった有名な首長竜類として、福島県で発見されたフタバサウルス（フタバスズキリュウ）や北海道で見つかったホベツアラキリュウ、鹿児島県のサツマウツノミヤリュウなどがある。

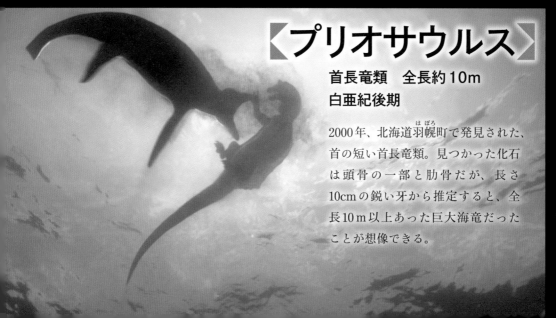

❰プリオサウルス❱

首長竜類　全長約10m
白亜紀後期

2000年、北海道羽幌町（はぼろ）で発見された、首の短い首長竜類。見つかった化石は頭骨の一部と肋骨だが、長さ10cmの鋭い牙から推定すると、全長10m以上あった巨大海竜だったことが想像できる。

｟ウタツサウルス｠

魚竜類　全長約3m　三畳紀前期

1970年、宮城県南三陸町（当時は歌津町）で発見された、世界最古級の魚竜類。1978年に新種の原始的な魚竜類「ウタツサウルス・ハタイイ」と命名された。魚竜類の前のヒレは大きく発達するが、ウタツサウルスのヒレは前後ともほぼ同じ大きさだった。

（画像提供／福井県立恐竜博物館）

3
恐竜絶滅編

今から6600万年前、1億年以上の長きにわたり繁栄を続けた恐竜たちが、突然の隕石衝突によって絶滅した。これが、いまや知らない人はいないと言っていいほど、よく知られた「恐竜絶滅の定説」だ。
しかし実は、恐竜研究の最前線で疑問がくすぶっている。「そんな単純に考えていいのか」と……。
第3章では、恐竜絶滅の研究の最前線を追う。

 # 突然の終わりを示す K/Pg境界

誕生以来、1億5000万年以上にもおよぶ王者、恐竜の歴史。
6600万年前、その"最期の時"がついにやって来る。
その痕跡の一つが残されているのがカナダ西部のアルバータ州だ。

そこはバッドランドと呼ばれる荒野だ。ここには恐竜時代の後半、白亜紀の地層が一面に広がっている。膨大な恐竜化石のコレクションで世界的に名高いロイヤル・ティレル古生物学博物館のフランソア・テリアン博士の

案内で、その痕跡を探しにいった。粘土質の地層で、雨で濡れるとものすごく滑る。気をつけながら起伏ある地形を進んだ。
「あれです。あの黒い線が恐竜絶滅の鍵となる場所です」

恐竜が見つからない

↑

K/Pg 境界

↓

恐竜の時代

一見、見えにくい、K/Pg境界のラインを
フランソア・テリアン博士は丁寧に教えて
くれた。

撮影した K/Pg 境界から実際に検出された
衝撃変成石英。
（画像提供／フランソア・テリアン博士）

　博士が指し示したところに、特に黒く染まった地層が見えた。主に石炭でできているという。その黒く見えた断面をよく見ると茶色がかった一筋の線が見えた。これこそが、恐竜たちの"最期の時"を示す痕跡、K/Pg境界と呼ばれるラインだった。

「この茶色の線よりも下の地層から恐竜が見つかっている。しかし、この線よりも上からは恐竜がまったく見つからない。つまり、この線を境に恐竜は絶滅した」（テリアンさん）

　茶色い線の下の世界は恐竜世界。北アメリカでは超肉食恐竜ティラノサウルスが王者として君臨していたし、南アメリカでも、モンゴルでも、北極圏でも、さまざまな恐竜たちが生息していた。その世界が、この1本の線を境にこつぜんと消え去ったのだ。一体、何が起きたのか。

　実はこのK/Pg境界の中に、恐竜を葬り去った正体の手がかりが隠されていた。それは0.3mmの小さな透明の鉱物だった。「衝撃変成石英」と呼ばれるもので、拡大してみると、引っかいたような薄い線が何本も走っている。これは石英に強力な衝撃が加わったためにできたもので、その力は核爆発並み、あるいはそれ以上だという。この衝撃を生んだものこそが、いまや一般にも広く知られている巨大隕石の衝突だった。つまり、K/Pg境界は6600万年前に地球に隕石が衝突した結果、つくられた層だったのだ。

　K/Pg境界は北アメリカだけでなく、アジア、ヨーロッパ、南アメリカなど、世界各地で見つかっている。衝撃変成石英は当時、地球に巨大な隕石が衝突したことを示す証拠の一つで、この隕石衝突こそが、恐竜を絶滅に導いた最大の要因だったのだ。

◆隕石衝突前夜の恐竜世界とは？

そこは、有名恐竜が
しのぎを削る世界だった

今から6600万年前の地球。
そこは、恐竜が最後の時を迎える直前の世界、
と同時に、有名恐竜たちが世界中に数々現れ
ている時だった。

アジア大陸には大きな手が特徴のディノケイル
スが出現。時にはアジア最強の肉食恐竜、タ
ルボサウルスと激しい戦いを繰り広げていた。

現在の日本にあたる場所（アジア
大陸東部）には、カムイサウルス
が集団で生きていた。

南半球のゴンドワナ。現在の南アメリカ大陸にあたるこの場所では、生命史上最大級といえる35〜40mにまで巨大化した、プエルタサウルスが大地をのし歩いていた。そして、カルノタウルスやマイプといった複数の巨大肉食恐竜と激しいバトルを繰り広げていた。

そして北アメリカ。ここでは、あの有名なティラノサウルスが出現、最強の名をほしいままにしていた。3本角が特徴の植物食恐竜トリケラトプスや、尾のハンマーが特徴の植物食恐竜アンキロサウルスたちと、命を賭けた戦いを繰り広げていた。

同じ北アメリカの別の場所には、エドモントサウルスの集団が。日本のカムイサウルスと同じハドロサウルスの仲間だ。ここは彼らの営巣場。大きな塚を作り、その中に卵を産んでいた。この恐竜の仲間は、子育てまでしていたことが知られている。

6600万年前、恐竜たちはまさにこのとき、進化の絶頂を遂げていた。

しかし、まもなく、そこが火の海になることを恐竜たちは知る由もなかった。

「恐竜絶滅」の 定説

恐竜を絶滅に導いた隕石の直径は、約10kmと見積もられている。
10kmというと、小さいと感じる人もいるかもしれないが、エベレストの標高で
さえ約9kmなので、それよりも直径が大きい隕石が落ちたことになる。

　こう考えると相当、巨大な隕石だったとい
うことがわかるだろう。
　「恐竜の絶滅は、直径10kmの隕石が衝突し
たことが原因」という考えは、K/Pg境界が
世界の各地で見つかっていること、衝突で生
じた巨大クレーターが、ユカタン半島付近か
ら見つかっていることなどから、今やほとん
どの研究者が認める通説、定説となっている。
　まずはその定説、恐竜絶滅のストーリーに
ついて紹介したい。
　衝突で生じたカタストロフィーは、想像を
絶するものだった。
　6600万年前のある日、現代のユカタン半島
付近の海に直径10kmの隕石が落下する。衝
突地点の近くを泳いでいたモササウルスなど
の海棲爬虫類は、海水と共に一瞬で気化した。
東京大学の杉田精司教授などのチームによれ
ば、この隕石は南アメリカ方向から北アメリ
カ方向へ斜めに衝突したと考えられている。

　その結果、火球と呼ばれる気化した岩盤と熱
風の塊が、北アメリカ大陸へ向かうことにな
った。その温度は実に太陽表面に匹敵する。
速度は秒速20kmにも達したという。超高熱の
塊が北アメリカ大陸を走り抜け、ティラノサ
ウルスやトリケラトプスなど、北アメリカの恐
竜たちが短時間のうちに命を落としただろう。
　さらに衝突で、海のど真ん中に生じたクレ
ーターが巨大津波を引き起こしたと、東京大
学の後藤和久教授は言う。実は衝突の直後、
海の真ん中に直径200kmにも達する巨大な
クレーターが誕生していた。そのクレーター
に海水が戻ろうとする。その流れ込む勢いが
強いため、海水面が大きく盛り上がる。そし
て今度は、盛り上がったクレーター内の海水
が逆にクレーターの外側に向けて流れ出す。
これこそが巨大津波の正体。それは大変巨大
で、北アメリカ、南アメリカの海岸付近に到
達した頃には最大300mもの高さに達したと

6600万年前、地球に迫る直径10kmの巨大隕石。目前に危機が迫ることを知る恐竜は皆無だったに違いない。

指摘されている。

　隕石で引き起こされた、驚くべき大災害の数々。しかし、火球も津波も影響を及ぼしたのは北アメリカや南アメリカで、アジア、ヨーロッパ、アフリカなど、他の大陸にいた恐竜たちへの影響は限定的だったようだ。しかし、衝突の影響はこれだけで済まなかった。地球の全域に深く影響を及ぼす超巨大災害も引き起こされていたのだ。

　東京大学の杉田さんは、衝突によって宇宙空間に飛び出した大量の岩盤が、全地球的な大災害の原因になったと指摘する。飛び出した岩盤は、衝突の影響で気化していたが、宇宙空間で冷やされ、細かい塵になって全地球に広がっていく。そしてしばらくすると、この塵が再び大気圏に落ちていったのだ。塵は大気と摩擦を起こし高温の熱を発生させた。アジア、ヨーロッパなど、世界中の空が真っ赤に染まり、その温度は1500℃にまで達した。

その結果、各地で森林火災が起こり、各地の恐竜たちが焼け死ぬことになったのだ。

　大災害はさらに続く。なぜなら地球を覆った塵のすべてがすぐに落下したわけではないからだ。細かな塵はすぐには落下せず、地球を漂い、地球の外側を厚く覆ってしまったのだ。そしてこの状況が引き起こしたのが有名な大災害、「衝突の冬」。地球を覆った塵が太陽光を遮ったことで地球が冷え込み、深刻な寒冷化が全世界を襲ったのだ。衝突の冬は長ければ数年間にもわたって続き、結果、多くの植物が枯れ、森林火事を生き延びた世界の恐竜たちに深刻な影響を及ぼしたのだ。

　その他、急激な温暖化、酸性雨などさまざまな巨大災害の連続が起こり、体が大きく食料を大量に必要とした恐竜たちが絶滅に追い込まれてしまった。これが今や、研究者の多くが認める隕石衝突による恐竜絶滅のストーリーだ。

◆恐竜絶滅の定説

隕石衝突が引き起こした
数々の大災害が
世界の恐竜たちを襲う

6600万年目前のある日。地球に直径10km、エベレスト並みの巨大隕石が迫っていた。それは南アメリカの方向から、北アメリカ方向に向かって近づき、ユカタン半島付近の海に落下した。

閃光と衝撃を
放ちながら衝突。

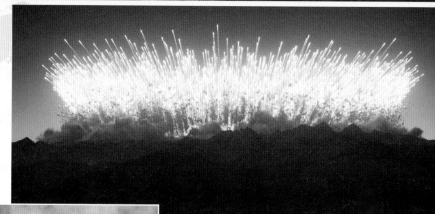

ティラノサウルスも、エドモントサウルスも、高温にさらされ、一瞬に気化していった。

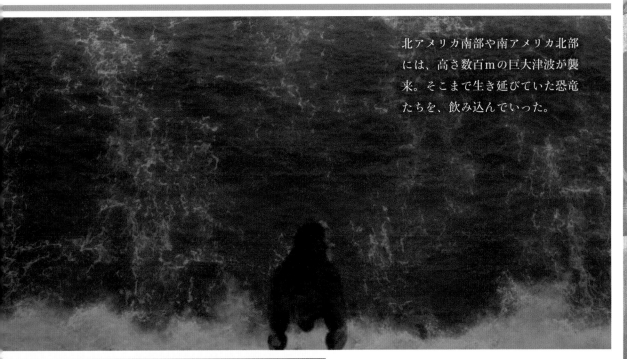

北アメリカ南部や南アメリカ北部には、高さ数百mの巨大津波が襲来。そこまで生き延びていた恐竜たちを、飲み込んでいった。

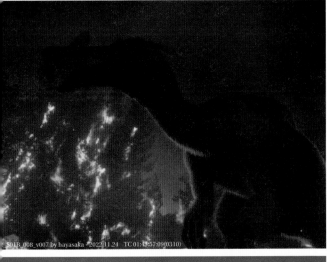

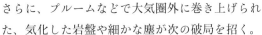

さらに、プルームなどで大気圏外に巻き上げられた、気化した岩盤や細かな塵が次の破局を招く。

地球全体に散らばったあと、やがて地球の重力に吸い寄せられ再落下。そのとき、大気と摩擦熱を発生させ、空を1500℃以上の高温にしたのだ。
その結果、世界の至る所で森林火災が発生、アジア大陸にいたデイノケイルスなど、世界各地の恐竜たちが焼け死ぬこととなった。

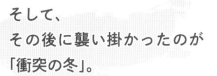

そして、
その後に襲い掛かったのが
「衝突の冬」。

地球全体に広がった塵には落下せず漂い続けるものがあり、それが太陽光を遮り続け、結果、地球が一気に冷え込んだのだ。雪で白く染まる大地。多くの植物が失われた。
そして体が大きな恐竜たちは食料を失い、次々と倒れ、命を失っていった。

こうして、ついに、大繁栄を遂げた恐竜たちは絶滅していったのだ。

恐竜絶滅の原因は解明されていない

恐竜絶滅の原因はまだ解明されていない、決着していない。
まだまだ調べていく必要がある、と北海道大学の小林快次教授は言う。
小林さんがそう考え始めた理由は、アラスカでの調査が大きかったそうだ。

　実は筆者は、以上の定説をもとに2010年、NHKスペシャル「恐竜絶滅」という番組を制作している。

　北アメリカを襲った火球、巨大津波、世界規模の森林火災、そして衝突の冬。こうした

隕石衝突に起因した厳しい災害の連続によって恐竜たちは消え去ったと、紹介したのだ。しかし、話はこれで終わらなかった。

　放送から数年経ったころ、小林さんを取材していた時に、「恐竜絶滅の原因はまだ解明

恐竜学の世界的な権威、北海道大学教授の小林快次博士は「恐竜絶滅の謎は完全に解明されてはない」と口癖のように語る。

されていない、決着していない。まだまだ調べていく必要がある」という話が突然出てきて、驚いたことが記憶に深く残っている。小林さんがそう考え始めた理由は、アラスカでの調査が大きかったそうだ（P.120で紹介）。とにかくその話を聞いた自分の頭の中は「？」でいっぱい。「恐竜絶滅の原因はまだ確定していない？」、「でも隕石が6600万年前に落ちたのは間違いないのでは？」、であれば「隕石衝突の後も恐竜は生きていた？」と、新たな疑問が次々、時間をかけながら大きくなっていた。

2019年、NHKスペシャル「恐竜超世界」の放送を終え、次の企画を模索していた。この時に改めて頭に浮かんだのが、先ほどの小林さんとのやり取りだった。2010年のNHKスペシャル「恐竜絶滅」の放送から10年経ったこともあり、自分の中で改めて「恐竜絶滅の謎に迫りたい」という思いが強くなってきた。そこで再度、「隕石衝突と恐竜との関係」について取材しなおすことにしたのだ。

「隕石衝突の日」から
どのくらい生き延びたのか?

一連の取材で、すべての研究者にある質問をぶつけることにした。
「恐竜（鳥を除く）は、隕石衝突の日から何日、何年かけて絶滅したのか?」
そんな質問だったが、意外なことが浮かび上がってきた。

まずはアメリカ・レイモンド・M・アルフ古生物学博物館のアンドリュー・ファルケ博士。角竜が専門の研究者で、前回の「恐竜超世界」で「北極圏で暮らしていたパキリノサウルスの体に羽毛の類が生えていた可能性がある」と教えてくれた研究者だ。

「具体的な証拠はないが、多くの恐竜、殆どの恐竜は2〜3カ月でいなくなったのではないかと思う」（ファルケさん）

ファルケさんは、多くの恐竜がわずか数カ月で消え去った、という考えで、巨大隕石の衝突のすさまじさを感じさせてくれる回答だった。「2〜3カ月という期間」は自分が

2010年に「恐竜絶滅」を制作、放送した時の自分自身の考えとも重なる回答だったのだが、しかし、実際には、それとはずいぶん異なる意見を持つ研究者が多くいたのが取材の結果だった。

たとえば恐竜研究の世界的な権威である、オハイオ州立大学のローレンス・ウィットマー博士。その答えは、「最終的に恐竜は絶滅したことはわかっているが、実はすべての恐竜が一瞬で死滅したかどうかは必ずしもわかっていない」というものだった。しかも、地球の一部に恐竜たちが生き延びていた場所、ある種の退避地があった可能性が高いと考え

ている。そうした場所で既に厳しい環境にも
ともと適応していた恐竜たちが衝突後、数百
年、数千年、あるいは1万～2万年は生き残
っていた可能性がある」とのことだった。

　海竜の一つ、モササウルスの研究の世界的
な権威である、カナダ・アルバータ大学のマ
イケル・カルドウェル博士も、
「衝突直後には、世界のさまざまな地域の生
物が生存している可能性があり、その後、数
十世代、数百世代、あるいは何千世代と生き
残る可能性がある。従って、恐竜の完全な絶
滅に至るまでには1万年、1万5000年、2
万年という時間がかかった可能性がある」と
語った。

　そして、カーネギー自然史博物館で恐竜を
研究するマット・ラマンナ博士は、「恐竜時
代末期、巨大小惑星の落下で鳥を除く恐竜が
絶滅したという説が確立されている。この点
を認識している人々の多くが、巨大隕石落下
で世界中の恐竜のすべてが一度に消滅したと
考えているようだ。しかし実のところ、小惑
星衝突後、恐竜は明らかに何千年、何万年、
あるいは何十万年も生き残ったと思う」と回
答した。

　さらに日本を代表する恐竜学者、恐竜学の
世界的権威の一人、北海道大学の小林さんは、
「もし、恐竜が隕石衝突で一瞬にして絶滅し
たのなら、世界のどこかに大量の恐竜の 屍
（化石）があるはず。しかし、そんな場所は
世界中のどこにもない。つまり、恐竜は、私
たちが考える以上に、隕石衝突後の世界をた
くましく生き残っていったのではないか。隕
石衝突を否定するわけではないが、恐竜の絶
滅には、私たちの知らないことがまだまだ眠
っている」と力強く語った。

　そう、「隕石が落ちた日から、恐竜が完全
に消え去るまでの時間」に、科学者たちに共
通見解はなかったのだ。しかも「数万年、数
十万年」と「驚くほど長い間、隕石衝突後の
世界を恐竜たちが生きていた」と考える研究
者が少なくなかった。

　果たして隕石衝突後、恐竜たちはどのよう
な運命をたどっていったのだろうか？　恐竜
たちは、隕石衝突で生じた数々の災害にあら
がい、生き抜く力を持っていたのだろうか？

　新たに世界各地で取材した成果をもとに、
改めて、"隕石衝突が引き起こした数々の災
害"の詳細に迫っていきたい。

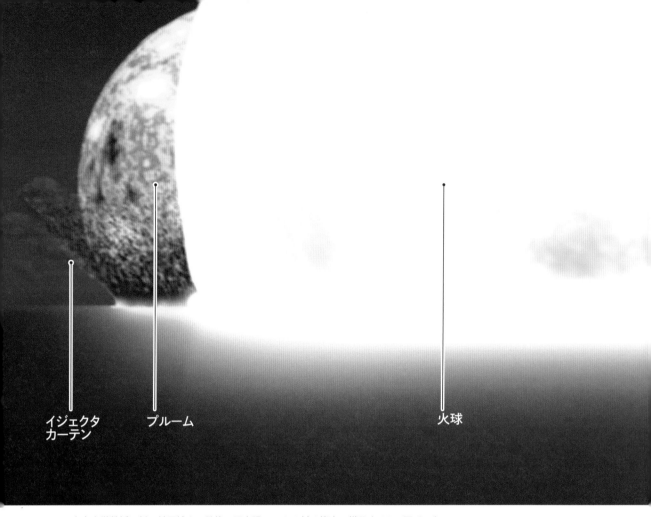

イジェクタ
カーテン　　　プルーム　　　　　　　　　　　　　火球

東京大学教授の杉田精司博士の監修で巨大隕石による斜め衝突の様子をCGで再現した。
（NHKスペシャル「恐竜絶滅」2010年より）

隕石は斜めに衝突した
火球は北アメリカへ

**火球は、高熱の塊が真っ白な玉となって北アメリカの方向に進んでいき、
北アメリカで暮らしていた多くの恐竜がこの火球によって、
一瞬で消え去ってしまっただろう、と杉田さんは指摘する。**

　東京大学教授の杉田精司博士たちは、チク
シュルーブ・クレーターの形状の解析から、
6600万年前に地球に飛来した隕石は、南ア
メリカ方向から北アメリカの方向に向かって
斜めに衝突した、と考えている。実際、地球

に飛来してくる隕石がランダムな方向から衝
突してくることを考えた場合、真上から突入
してくることはほとんどなく、ほぼすべてが
斜め衝突になるそうだ。では、巨大隕石が斜
めに衝突すると何が起こるのか？

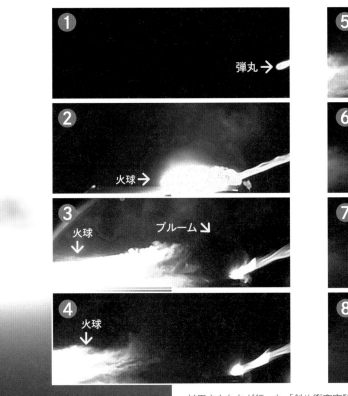

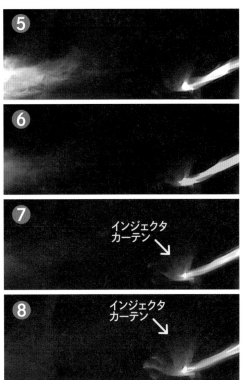

杉田さんたちが行った「斜め衝突実験」のハイスピード画像。この実験では火球のインパクトが特に大きく見える。(画像提供／杉田精司)

杉田さんたちは実験で、斜め衝突時に起こる現象を確かめた。そのハイスピード画像を見ると、その瞬間に起こる現象が見えてきた。❶は衝突前の画像で、弾丸が画面右から飛来してくる。そして❷が衝突直後の画像。「弾丸の飛来方向と反対側、左側に走っていくプルーム」が見える。これが「火球」。❸では「黒いマッシュルーム型のシルエット」が衝突地点の真上に見える。これが「衝突地点直上に半球状に膨張するプルーム」だ。さらに❼、❽を見ると衝突地点の周囲にイジェクタカーテンと呼ばれるものが発生しているのも見える。実際、6600万年前に隕石が海に衝突した時も、岩盤が衝突で巻き上げられ、こうしたイジェクタカーテンが発生したと考えられている。私たちが制作したCGでも、衝突地点の直上に吹き上がったこのプルームとイジェクタカーテンを描いている。

しかし何より、この実験で一番印象に残るのは、火球ではないだろうか。高温の熱の塊、つまり火球が、弾丸がやってきた方向と逆方向に飛び出している。そして6600万年前にはこの火球が北アメリカの方向に飛んで行ったと考えられているのだ。杉田さんは「火球は高熱の塊が真っ白な玉となって北アメリカの方向に進んでいった」と言う。

その温度は実に太陽表面に匹敵する。速度は秒速20kmに達したという。当時、北アメリカで生きていたのはティラノサウルスやトリケラトプスといった有名な恐竜たち。洞窟や岩陰など、特殊な環境にいた恐竜はこの惨事を生き延びることに成功したかもしれないが、北アメリカで暮らしていた多くの恐竜がこの火球によって、一瞬で消え去ってしまっただろう、と杉田さんは指摘する。

巨大津波を前に　王者ティラノサウルスもどうすることもできなかったに違いない。

 # 巨大津波は引き波から始まった

隕石衝突によってできたクレーターに入り込んだ海水は、
10時間ほどかけて満たされると、今度はあふれ、逆流を始めた。
そして、巨大津波が北アメリカ南部や南アメリカ北部へと向かった。

さらに北アメリカ南部や、南アメリカ北部には巨大津波が襲いかかった。

その研究に取り組んだ東京大学教授の後藤和久博士は、「衝突で海のど真ん中に生じたクレーターが巨大津波を引き起こした」と指摘する。10kmにも達する巨大隕石が海に衝突した結果、海の真ん中に直径200kmにも達する巨大なクレーターが誕生し、これが巨大津波の原因となったというのだ。なぜなら、衝突からしばらくすると、「押し出された海

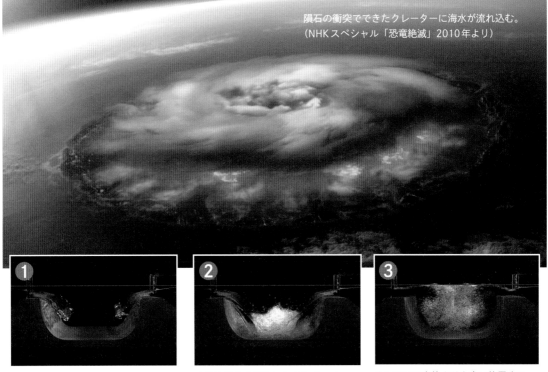

隕石の衝突でできたクレーターに海水が流れ込む。
（NHKスペシャル「恐竜絶滅」2010年より）

① クレーターに見立てたくぼみに水が一気に流れ込む。

② 水はみるみる窪みにあふれていく。

③ そして元の水位よりも高い位置まで水が入り込み、逆流を始めた。

水」がクレーターの中に戻り始めたから。

クレーターに流れ込む海水。海岸線が、引き潮のように沖へ沖へと移動していき、巨大クレーターは、みるみるうちに海水で満たされていった。ではなぜ、この状況が巨大津波を引き起こしたのか？

私たちは、後藤さんの協力で、ある実験を行った。

大型の水槽にクレーターに見立てた窪みがある模型を設置、そこに水を一気に流し込む、という実験だ。流れ込む様子をハイスピードカメラで撮影すると、流れ込む勢いの強さのため、もとの水位よりも高くまで水が入り込んだことがわかった。そして、その直後、流れ込んだ水が一転、外側にあふれ出したのだ。

後藤さんは巨大隕石の衝突で海にクレーターができた時、この実験と同じ事が起きたと指摘した。

「海にクレーターが形成されると、周囲から海水がクレーターに戻ろうとする。その流れ込む勢いが強いため、海水面が大きく盛り上がる。そして今度は、盛り上がったクレータ

ー内の海水が逆にクレーターの外側に向けて流れ出す。これこそが津波となった。津波は大変巨大で、北アメリカ、南アメリカの海岸付近に到達した頃には、最大300ｍもの高さに達したと考えている」（後藤さん）

クレーターに入り込んだ海水は、10時間ほどかけて満たされると、今度はあふれ、逆流を始めた。巨大な水の塊、つまり巨大津波が北アメリカ南部や南アメリカ北部へと向かった。そして、その時点まで運よく生き延び、海岸付近を歩いていた恐竜たちを飲み込んだのだ。この巨大津波はその高さゆえに、大陸の奥深くまで容赦なく入り込んでいった。そして地層に残った痕跡から、6回以上にも上ったことがわかっている。

◆恐竜学者たちが考える隕石衝突後の物語❶

巨大さが仇となり窮地に
若者は洞窟にエスケイプ成功

たとえ巨大隕石が落ちても、中には生き延びた恐竜たちはいてもおかしくない、と考える研究者は少なくない今、私たちは研究者が思い描く、"隕石衝突後の世界を生き抜こうとする恐竜たちの姿"を描きだすことにした。
選んだ舞台は南半球のゴンドワナ、現在の南アメリカ大陸にあたる場所だ。
ここは衝突から間もないころの南アメリカ大陸。空が赤く染まり、高温になり始めているのがわかる。そこにプエルタサウルスの群れがいた。

どこか、安全な場所はないか？

逃げるうち、やがてプエルタサウルスたちは巨大な洞窟を見つける。群れにいた体の小さな若者は、本能的に洞窟の中へ駆け込んでいく。しかし、巨大な大人たちは、洞窟に入ることができなかった。

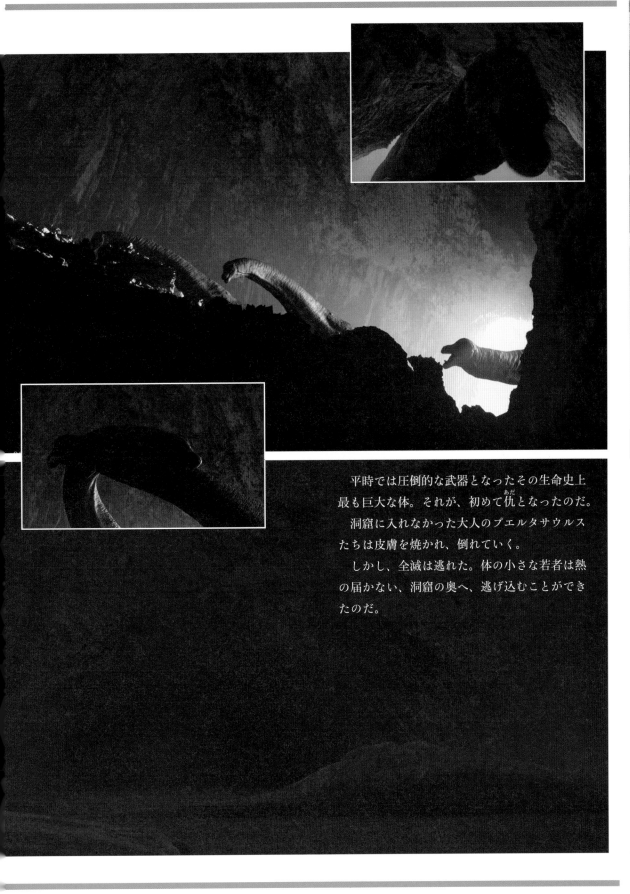

　平時では圧倒的な武器となったその生命史上
最も巨大な体。それが、初めて仇となったのだ。
　洞窟に入れなかった大人のプエルタサウルス
たちは皮膚を焼かれ、倒れていく。
　しかし、全滅は逃れた。体の小さな若者は熱
の届かない、洞窟の奥へ、逃げ込むことができ
たのだ。

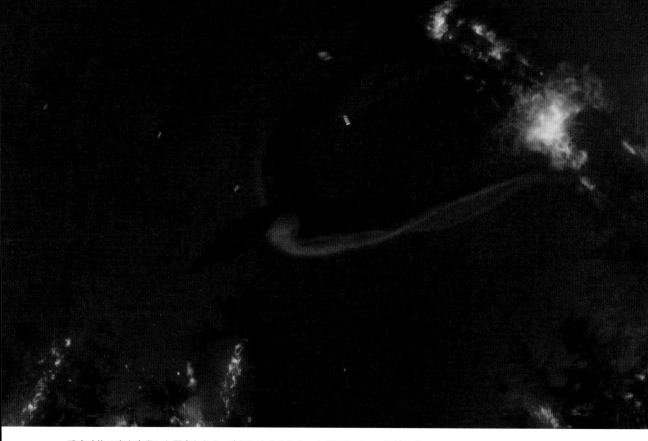

恐竜時代の空を席巻した翼竜たちも、高温にさらされ次々と落下していっただろう。

巻き上げられた塵の<ruby>再落下<rt>ちり</rt></ruby>で生じた森林火災

巻き上げられた塵の一斉落下は、空を真っ赤に染め、
空の温度は1500℃にまで高温になる。
たとえて言えば、ストーブが空一面に並べられ、熱が伝わるという状況だ。

　火球は北アメリカ大陸、巨大津波は北アメリカ南部と南アメリカ北部。どれも想像を超える大災害だが、局地的だった。世界に広く被害をもたらしたのは衝突直後、衝突地点に垂直に巻き上げられたプルーム（P.99の❸）

だった。
　プルームの正体は「気化した岩盤の塊」で、その様子は宇宙空間からもはっきり見えたはずだと、東京大学の杉田さんは言う。そして、この宇宙空間に飛び出した気化した岩盤が世

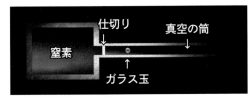

最新式のガス銃を使って打ち出す実験装置。

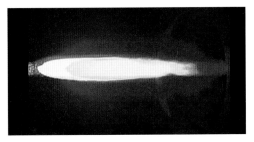

ガラス玉の破片が高速で窒素の空間に飛び込んだ瞬間、激しい熱と光が発せられた。

アメリカ・コロラド州に残されたK/Pg境界。"運命のライン"が鮮明に残されていた。

界に広く被害をもたらした。なぜなら気化した岩盤は、宇宙空間で冷やされ、細かい塵になって、放射状に広がり、そして1時間ほどで再び大気圏に落ちていったからだ。

とはいえ、なぜ、"たかが塵"が落下するくらいで被害が起こるのか？ 杉田さんがJAXA（宇宙航空研究開発機構）の協力の下、ある実験を行ってくれた。

塵の代わりに用意したのは、わずか5mmほどのガラス玉。その玉を、最新式のガス銃を使って打ち出す実験だ。

最初に弾丸が通る「筒状の部分」は宇宙空間を模して真空状態になっている。そしてプラスチック製の薄い膜で仕切った「次の空間」には大気に見立てた窒素が詰まっている。真空の部分が宇宙空間、そして、窒素の詰まった部分が地球の大気の代わりになるわけだ。ここに5mmのガラスの玉を秒速6kmもの猛スピードで打ち込むと、玉は仕切りにあたった衝撃で粉々に砕ける。その結果生じる破片一つ一つが、「再落下する塵」に相当するという。

実験開始と共に、玉は「ボン」と音を立てて発射された。その様子を100万分の1秒で記録できるカメラで撮影すると、高速で飛び込んできた破片（塵に相当）が窒素と摩擦を起こし、「熱」と「光」を発生させていたこ

とがわかった。

測定の結果、この時、発生した熱はなんと3000℃にも達していたことがわかった。杉田さんは、隕石衝突で宇宙空間に飛び出した塵が大気圏に再突入した時も、同じ事が起きたはずだという。

5mmの玉一つが供給源なら、まったく問題なかっただろうが、6600万年前の時は違った。直径10kmもの隕石の衝突で巻き上げられた塵の量はとにかく膨大だった。それが、同時落下を始めたことで、杉田さんは「塵の一斉落下は、空を真っ赤に染め、高温を発したはずだ」と言った。

「空の温度は1500℃にまで高温になる。たとえて言えば、ストーブが空一面に並べられ、熱が伝わるという状況。あまりに熱いので恐竜などがいれば肌がどんどん焼けて、焼け死んでしまうことになる。森林に隠れている恐竜も、森林火災が起きるので、死んでしまう。この現象は、恐竜絶滅にかなり大きな役割を果たしたと推定している」（杉田さん）

この影響が、爆心地から遠いアジアやアフリカなど、他の大陸の恐竜たちに致命的な被害を及ぼしたとみられている。そしてもちろん、空が高温になることで生じる森林火災は"爆心地"である北アメリカでも起きていた。

2022年、コロラド州のトリニダード・レイク州立公園にあるK/Pg境界を訪ねた。斜面を10mほど登った先に、K/Pg境界を示す灰色のレイヤーがくっきりと見えた。そして、こうしたK/Pg境界を示すレイヤーの中に、山火事の跡が灰や煤となって残っている。

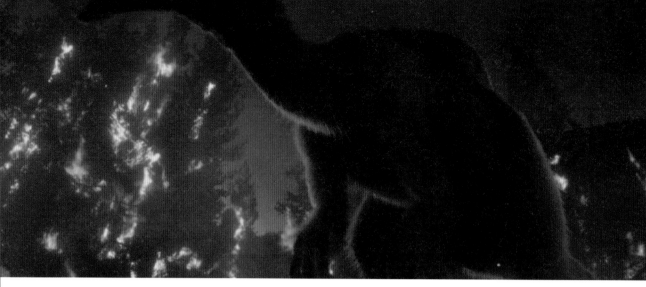

森林火災にはムラがあった⁉

塵
ちり
の落下による空の高温化は世界中のすべてで起こり、
世界中で例外なく森林火災が起きたのだろうか?
世界中の恐竜たちを残らず焼き殺したのだろうか?

　では、塵の落下による空の高温化は世界中のすべてで起こり、世界中で例外なく森林火災が起きたのだろうか。

　そして世界中の恐竜たちを残らず焼き殺したのだろうか。

　実際に塵再落下による隕石衝突の森林火災の広がりをシミュレーションした研究者がアメリカにいた。月惑星研究所のデイビッド・クリング博士たちのチームだ。

　クリングさんは、6600万年前の隕石衝突の後、地球に何が起きたのか、その様子を詳しく調べている世界的な研究者だ。2010年放送のNHKスペシャル「恐竜絶滅」を制作した時には、クリングさんが2007年に発表した「チクシュルーブ衝突事象とKT境界におけるその環境への帰結」という論文を深く参考にしている。文字通り、6600万年前の隕石衝突の現象のエキスパートなのだ。

　では、そのクリングさんが行ったシミュレーションの結果は?

　「火事は衝突サイト近辺が最も激しかっただろう。それは北アメリカ大陸南部、また地球のその正反対側もホットスポットになった。その理由は、クレーターからの噴出物が地球

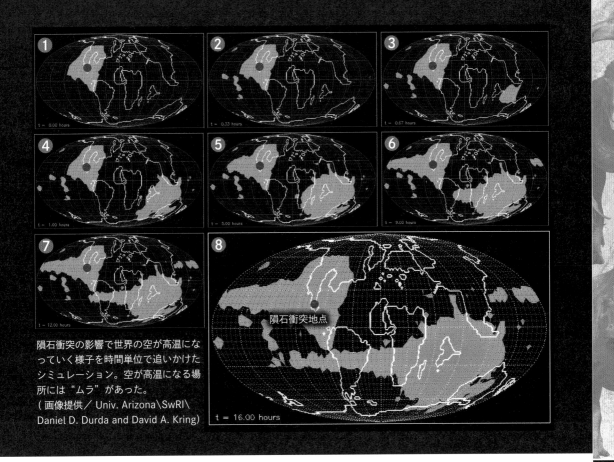

隕石衝突の影響で世界の空が高温になっていく様子を時間単位で追いかけたシミュレーション。空が高温になる場所には"ムラ"があった。
（画像提供／ Univ. Arizona\SwRI\Daniel D. Durda and David A. Kring）

隕石衝突地点

の周りをまわり、その一部が地球の正反対側に積もったから。そのため、地球の正反対側、つまり、現在のニュージーランド地域が熱せられ、そこでも火事が発生しただろう」（クリングさん）

　塵落下による空の高温化、その結果生じる森林火災は地球のすべてで起きたわけではなかった。森林火災の発生地点には明らかにムラがあったのだ。取材の最後にも「必ずしも世界中至る所で火事が起こったわけではない」と強調していたクリングさん。では、森林火災の起きなかった場所で、特に「具体的な候補地」はあるのだろうか。

　改めて東京大学の杉田さんにたずねた。「クリングさんの研究は大変重要で、森林火災が起きた場所と起きなかった場所があった、つまりムラがあった」という点は同意する一方、「シミュレーションに斜め衝突ということが考慮されていない点で意見が多少異なる」と語った。

「隕石は、南アメリカ方向から北アメリカ方向に斜めに衝突した。❶❷の画像（P.99）を見ればわかる通り、火球は北へ駆けあがっていった。実はそれにともなって、大気圏に巻き上げられた塵の多くも北半球に広がったと考えている。そのため、クリングさんのシミュレーション結果とは異なるが、アジア大陸やヨーロッパ大陸では、空の高温化による森林火災が大規模に生じた一方、逆に南半球では塵の広がりが抑えられ、結果として空の高温化による森林火災が比較的緩やかで、火災が起きなかった場所も多かった、と考えている」というのだ。

　その結果、杉田さんは「森林火災が起きなかった特に有力な候補地」として、南アメリカの南端や南極大陸を挙げた。そしてそこは、期せずして、クリングさんのシミュレーションでも森林火災が起きなかった場所として指摘されている場所の一つと合致していた。

◆恐竜学者たちが考える隕石衝突後の物語❷

食べ物を求めて歩き回る プエルタサウルスの若者たち

隕石の衝突から数日後。熱波は収まっていた。しかも幸い、この辺りは森林も少なく、火災は少なかったようだ。

洞窟から出てくる、プエルタサウルスの若者。折り重なる、大人の死骸。若者たちはふと足をとめた後、しかしまた、歩き出す。

若者の内の一頭は、体の赤みが強い。「レッド」と名付け、行く末を見守ろう。彼らはこの先、隕石衝突後の世界を生きていく……。

さらに数日後。

旅を続けるプエルタサウルス、レッドたちが、朝霧の海岸を歩いている。体がやせている。どうやら食べ物に殆どありつけていないようだ。

海岸に落ちているのは枯れ枝や焼けた木ばかり。

食べ物探しに夢中になっていると、突然、別の恐竜の足元が。

なんと、肉食恐竜マイプだ。
突然の鉢合わせにびっくりするレッドたち。
2本の肢（あし）で立ち上がり、戦闘態勢に入る。
「来るなら来い」
しかし、群れからはぐれ、衰弱したこのマイプに戦う力は残されていなかった。
マイプは視線をそらし、去っていった。このやせ細ったマイプは餓死寸前、死の直前だったのだ。

しかしレッドたちも、そのマイプとほぼ同じ境遇。餓死寸前であることに変わりなかった。

ところが、しばらく進むと、緑色をした植物を発見。

シダ種子類と呼ばれる植物の群落だ。久しぶりの食料で腹を少しだけ満たすことができたレッドたち。どうやらこの付近では山火事が起きていなかったようだ。
果たしてこの場所は……。

恐竜の避難所はどこにあったのか?

森林火災も起こらず、結果として恐竜たちの避難所となったところが
あるとすれば、その候補はどこなのか?
ティナー博士が、にやっと笑って答えた場所は南極大陸だった。

　実際に世界各地のフィールドを歩きまわり、発掘を続ける世界第一線で活躍する古生物学者たちにも、この疑問をローラー式でぶつけてみることにした。

　まずは、アルゼンチン国立科学技術評議会研究員のジェラルド・グレレット・ティナー博士。

「どこか恐竜が生き延びていた場所、避難所的な場所は?」

　にやっと笑って答えた場所は南極大陸だった。

「南極大陸。現在は氷に覆われているが、南極大陸と思うのは地理的な理由。当時激しい噴火が起きていたことで知られるデカントラップからも遠く、そして何よりユカタン半島の隕石衝突地点からも遠かった。これは見込みある仮説だが、それを実際に見てみるためには温室効果で氷が解けるまで待つしかない」

　では、NHKスペシャル「恐竜超世界」でトロオドンの生態についての考えを教えてく

れたオハイオ州立大学のローレンス・ウィットマー博士はどうか。

「衝突は、メキシコのユカタン半島だったことはわかっている。そこから遠く離れた南アメリカ大陸や南極大陸でも恐竜は生息していたことはわかっている。だから、その辺りに恐竜が生き残った退避地があったかもしれない」

　実は他にも複数の研究者から、「恐竜が生き延びていた場所の候補地」として、南極大陸や南アメリカ大陸が候補として挙がった。

　そもそも大前提として、最新の研究から6600万年前の南アメリカはもちろんだが、南極大陸でも、さまざまな種類の恐竜が生きていたことがわかってきている。彼らであれば、隕石衝突の後もある程度の期間、生きていたとしてもおかしくない、というのだ。

　では実際に南極に行き、恐竜の化石を発掘する研究者たちはどう考えているのか?　南極で調査を行っている古生物学者にも同様の質問をぶつけた。

まずは、テキサス大学のジュリア・クラーク博士。クラークさんは南極のベガ島に行き、発掘調査を行っている。

　クラークさんは「ベガ島の地層から"あるもの"が見つからないことが、南極に恐竜たちの避難所があった可能性をサポートしている」と語った。「南アメリカ大陸の南端や南極大陸では、隕石衝突後、他の場所で起きた絶滅のパターンとは異なったことが起きていた可能性があると思っている。理由は南極大陸で"衝突と関係するイリジウム"の証拠、つまり、K/Pg 境界は発見された、と報告されているが、いまだ"灰の層"の証拠は見つかっていないから。このことは、南極周辺で空が高温になることによって生じる森林火災が起こらなかった可能性を示唆している」というのだ。

　南極大陸の少なくとも一部では、森林火災を示唆する灰の層は見つかっておらず、この場所では山火事は起きなかった可能性が高い。その結果、「そこで暮らしていた恐竜たちであれば生き延びていてもおかしくない」というのだ。

　もう一人、世界的に有名な恐竜研究者であり、南極に３回も調査に入っているカーネギー自然史博物館のマット・ラマンナ博士も同じ意見だ。

「恐竜（非鳥類型恐竜）の絶滅については、6600万年前の隕石衝突説が知られている。多くの人々は、世界中のすべての恐竜が隕石の衝突で一度に絶滅したと思っているようだ。

しかし、そうでないことはほぼ確実。世界のどこかに恐竜の退避地があったのは、ほぼ間違いない。その結果、そこでは恐竜が隕石衝突後、何千年、何万年、何十万年と生き残っていたと考えている。そして、退避地の有力な候補地が南半球の南端だと思う。たとえば、南極大陸、南アメリカ大陸南部、オーストラリア南部など。そう考える理由の一つは、南極大陸で調査する私達のチームは、隕石衝突時に起きた山火事の証拠を発見していない、ということ。そのことから、これらの地域は、世界の他の地域に比べて衝突の影響が大規模でなかったことが考えられる」

　ラマンナさんは、南極やその周辺で、恐竜たちが長ければ数十万年もの長い間生きていた可能性があると言った。クラークさんもそこまでは長くないが、それでも数百、数千年の期間は恐竜たちが生きていた可能性があると、考えていた。

　恐竜たちの避難所となった有力な候補地。杉田さんのような物理学者も、そしてウィットマーさんやラマンナさんのような古生物学者も、共に筆頭候補として挙げたのは南極大陸と、その周辺だったのだ。

　私たちはこうした情報をもとに、「隕石衝突後、南極大陸の周辺にあったかもしれない恐竜たちの避難所」をCGで詳細に描く決意をしたが、実はこの映像制作の最中に、さらにもう一つ、ある重要な発見が、日本人研究者によってなされていたことを、取材を通して知ることになった。

南極圏近くの恐竜たち

ゴンドワナの南の最果て、南極圏やその周辺からも近年、
続々と新たな恐竜たちが発見されている。

◆南極圏の恐竜

《ステゴウロス》

植物食恐竜　全長約2m　白亜紀後期　チリ

2021年に発表されたばかりの、新種のよろい竜の一
種。シダの葉のような形をした、他の恐竜には見ら
れないひじょうに特殊な尾をもっている。チリの南端
で発見されていることから、当時の南極圏付近の恐
竜世界を知るうえで、重要な恐竜である。比較的、
全身の多くの部位が発見されており、トゲの生えた
尾は、肉食恐竜に襲われた際に武器として役立った
と考えられている。当時、同じ生態系にいたメガラ
プトル類などと、死闘を繰り広げていたのかもしれな
い。ジュラ紀のステゴサウルスと名前はよく似ているが、
系統学的には両者は遠い関係とされている。

◆南極圏の恐竜

【インペロバトル】

肉食恐竜　全長約4m　白亜紀後期　南極

南極で発見された数少ない、肉食恐竜の一種。肢の骨など、極めて断片的な化石しか発見されていないため、この恐竜がどういったグループに含まれているのかは、よくわかっていない。ゴンドワナ固有の、原始的な肉食恐竜のグループ・アベリサウルス類に含まれるとする説や、ドロマエオサウルスやティラノサウルスなどが属する、鳥類に近縁な肉食恐竜のグループ・コエルロサウルス類に近縁とする説もある。今回、番組では、コエルロサウルス類に近縁な種として復元を行ったため、全身を羽毛に覆われた"鳥恐竜"とも呼べる姿になっている。いずれにしても、スマートな体系をしていることから、俊敏な南極のハンターであったことは間違いない。

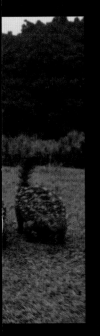

 # 南極周辺には植物があった!?

新発見！　シダ種子類の生き残りが南アメリカ最南端にいた！
その情報を教えてくれたのは、恐竜時代の植物を研究する世界的な権威の
中央大学教授の西田治文博士だ。

　西田さんは過去40年にわたって、チリの南部や南極を訪問、ゴンドワナの植物化石の調査を行ってきた。その結果、西田さんたちは、南極やパタゴニアでは、「隕石衝突の時、北半球とは違ったことが起きていた可能性がある」と考え始めていたのだ。

　理由の一つは、チリ南極研究所のマルセロ・レッペ所長たちと共に、ラスチナスという地域に広がる「恐竜時代後期から新生代まで、約2000万年もの地層が連なっている場

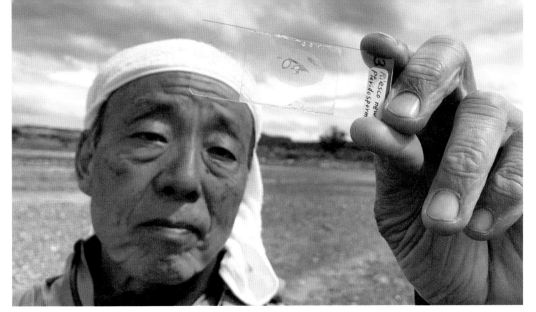

シダ種子類の化石を見つめる西田さん。

所」で長年行っている調査から。恐竜時代から新生代まで地層はずっと連続しているのに、まだイリジウムを含むK/Pg境界は報告されていない。西田さんは「この地域の生物相では、6600万年前に起きた隕石衝突による大きな影響は北半球ほどには見られず、むしろ7000万年前から始まった寒冷化の方が、大きな影響をこの地域に及ぼしていたように見えるところが面白い。もちろん恐竜たちがいなくなったというのは紛れもない事実だが、ゴンドワナには謎がたくさんある。まだまだ調べないといけないことが多い」と言う。

　そんな西田さんたちが2007年、チリの最南端、南極と目と鼻の先にあるリエスコ島で「南半球に恐竜たちの避難所」が実際に存在した可能性を示す化石を見つけていた。

　それはシダ種子類と呼ばれる植物の種子の化石だった。

　シダ種子類とは、恐竜時代に栄えた植物の一つで一見、葉っぱがシダのように見えるが、種子をつける植物で、今は現存していない裸子植物の一つ。一般的には6600万年前の隕石衝突で、恐竜と共に絶滅したと考えられている植物だ。

　しかし、西田さんが見つけたシダ種子類の化石は、恐竜が絶滅した後の、新生代のもの

だった。隕石が落ちてから少なくとも、500万年たった時代のもの、およそ6000万年から5000万年前の化石だったのだ。隕石衝突で絶滅したとされてきたシダ種子類が、実は南極と目の鼻の先の場所で衝突後、少なくとも500万年は生きのびていたことがわかったのだ。（同じくゴンドワナ、オーストラリアのタスマニアでも「シダ種子類の葉」と考えられる化石が新生代の地層から報告されている。）

　「衝突地点から遠く、南極に近いこのリエスコ島では、シダ種子類が絶滅することなく少なくとも500万年は生き延びていた。そのほか、この地域で今も繁栄する南極ブナ（南極由来）など、多くの植物がこの付近で生き延びていたことがわかってきている。そのため隕石が落ちた後も、パタゴニア、南極付近では緑が広範囲に残る場所があったに違いない、と考えている。そして、そうであれば恐竜も含めて、その植物を食べる動物も、ある程度の期間は生き延びていてもおかしくなかったと思う」と西田さんは語った。

　複数の恐竜学者が恐竜たちの避難所の候補として挙げた南極や南アメリカ大陸南部。そこには、シダ種子類を含む多くの植物が生き延びていた場所があったに違いないのだ。

恐竜番組作りを"陰"で支えてくださった恩人

南極ブナと一緒に写る西田さん。（チリ・リエスコ島にて）

中央大学の西田治文教授を初めて取材させていただいたのは、2005年までさかのぼる。

私が初めて恐竜をテーマに番組を作らせてもらうことになったNHKスペシャル「恐竜vsほ乳類」での取材だった。番組を企画した高間大介プロデューサーから「恐竜時代の植物についてアドバイスをもらうなら西田さんに」とのアドバイスをもらい、取材をしたのだ。「ジュラ紀の世界を再現するなら、植物は針葉樹やシダ類が主体。草はまだ生えていなかった。花もなかった」、「白亜紀後期になれば、モクレンなどの花は咲いていてもよい」といった、恐竜時代の植物を再現する上

でのさまざまな情報をいただき番組を制作したことを、あれから20年近くたった今でもよく覚えている。

その後もNHKスペシャル「恐竜絶滅」（2010年）、NHKスペシャル「生命大躍進」（2015年）などを自身で提案し制作した時にも、必ず西田さんを訪ね、恐竜時代だけにとどまらず、古生代、新生代の植物の再現についての詳細なアドバイスをいただいてきた。しかし、西田さんにはいつも「古生物の世界をCGで再現する上でのアドバイス」をいただくだけ。番組にご出演いただくことはなかった。エンドロールに西田さんのお名前を入

NHKスペシャル「恐竜vsほ乳類」（2006年）では西田さんのアドバイスのもと、ティラノサウルスと哺乳類、そしてモクレンの花を"同居"させた。

20年近い時を経て、ついに西田さんを撮影させていただく筆者。（チリ・リエスコ島にて）

れさせていただくことはあっても、番組に登場いただくことなく、20年近くもの時間が経過してしまっていた。自分としては、深くお世話になってきた「西田さんにご出演いただくような番組も作りたい」と思っていたが実現できずにいたのだ。

そして2022年、このNHKスペシャル「恐竜超世界2」を制作する際、恐竜時代の世界を再現するため再び西田さんの研究室を訪問した。当日、朝に発熱チェックをし、マスクをした上での取材だ。「今回はゴンドワナの恐竜世界をCGで再現したい。本来は実際に南アメリカに行き、恐竜のCGを合成する背景のロケをしたいが、新型コロナウイルスのまん延で実現が難しい。なんとか「日本の風景」を活用して南アメリカの恐竜世界を再現したいがどんな工夫をするとよいか」といった"無茶な相談"が主目的だったが、西田さんはこんな"難問"にも柔軟なアドバイスを下さり、本当にありがたかった。そして、話はこれで終わらず、ついに"その時"がやってきた。

「南極に恐竜たちの避難所があったかも、という考えは面白い。実はそれに関連するかもしれない発見をした。南極と目と鼻の先にあるチリのリエスコ島で、恐竜時代に絶滅したと思われていた植物の"生き残り"を見つけた」と、西田さんがサラッと言ったのだ。目を見開いた私。西田さんからかねてより

「チリや南極で植物化石の調査を行っている」とは聞いていたが、まさかその研究成果がここで結びつくとは。

私は世界中どこでも、できる限り自身の足で現場に赴き、自身の目と耳で情報を得ながら番組を作っていくことを"こだわり"としているが、そうすると時として「取材の主目的」とは別の、想像もしなかった「特ダネ」と出会うことがある。その喜びがたまらないからこそ、地道な取材を今日まで続けているともいえるが、この時の西田さんの取材は、まさにそんな瞬間の一つ。予想を超えた特ダネと出会えた取材だった。

「南極やその周辺に恐竜たちの避難所があった可能性を後押しする研究成果ですね。ぜひ番組で取り上げたい」と相談、2023年1月、ついに20年近くも"話を聞くだけ"にとどまってきた西田さんと共にチリのリエスコ島を訪ね、カメラを回させていただくことになった。パタゴニアの山小屋では、あの「クレイジージャーニー」も驚くに違いない、西田さんの40年にも及ぶ南極やパタゴニアでの現地調査の波乱万丈の経験談を聞くことができ、西田さんへの尊敬の念をさらに強くした。

20年近くもの間、自身の番組作りを"陰"で支えてくださり、そして今回ついに番組に出演してくださった西田さんに、最大限の感謝の言葉をささげたい。

南極にあった恐竜たちの避難所

荒野を歩き続けたレッドたち。

岩山を登っていた先に、突然、緑の世界が広がった。レッドたちは運よく、現在の南極半島の付近、森林火災が起きなかった場所にたどり着いたのだ。

そこは、別のプエルタサウルやハドロサウルスの仲間など、当時の南極と、そして陸続きだった南アメリカ南部で暮らしていた恐竜たちが、共に暮らす場所だった。

レッドたちはついに、水と緑が豊富な場所、恐竜たちの避難所にたどり着いたのだ。

数日後。

レッドたちが腹を満たし、体調も回復しつつあったころ、すぐ横で、恐竜たちの戦いが始まった。

一方は、2021年にチリ南部で発見されたばかりのよろい竜の一種、ステゴウロス。尾がシダの葉のようなギザギザの形をしているのが特徴だ。

その相手は当時の南極世界を代表する肉食恐竜インペロバトル。全身をびっしり羽毛に覆われている。全長4mほどの、巨大なワシのような姿をしている。激しくやりあう両者。

と、なんとインペロバトルが、標的をレッドたちに
変えた。

インペロバトルの一頭がジャンプして、レッドの背
中に飛びかかる。死に物狂いで抵抗するレッド。す
ると、レッドのパートナーが尻尾で、レッドの背に
乗るインペロバトルを撃退。

何とか、レッドたちはインペロバトルとの突然の戦
いを切り抜けることができたのだ。

ほっとしたように空を見上げるレッド。雪
が降り始めた。

「衝突の冬」が
始まったのだ。

恐竜絶滅編

1
9

恐竜は衝突の冬でさえ
生き延びることができた!?

取材を通し、「実際に恐竜たちは、衝突後、森林火災も、津波も、
そして衝突の冬すらも乗り越え、その後も長く生き延びて
いたのではないか」という、恐竜学者からの証言が相次いだ。

そう証言する一人が、北海道大学の小林さんだ。

そもそも数年前より、小林さんから会うたびにといっていいほど「恐竜の絶滅理由は解決していない」と口癖のように繰り返し聞いていたことが、今回の企画の原動力になっている。小林さんは一体なぜ、そのようなことを口にするのか？

きっかけの一つは、アメリカ・アラスカ州での調査で見つけたカムイサウルスの仲間の足跡化石だった。

見つけた場所はデナリ国立公園。恐竜時代、北極圏に位置していた場所だという。車を降りてから、クマを警戒しつつ、岩山を上ったり下りたりすること数時間。「これですね」と小林さんが指さしたのは、日本を代表する

恐竜・カムイサウルスと同じ仲間である、ハドロサウルス類の足跡だった。

大きな岩に大人の足跡と並んで小さな子供の足跡があった。「それがどうした？」と思うかもしれないが、「この発見こそが、この恐竜に隕石衝突を突破できる助けとなる、ある特別な能力が備わっていたことを教えてくれた」と小林さんは言った。

「小さな子どもの足跡が出たことが、すごく重要。北極圏は恐竜時代も非常にきびしかったので、大きな大人だけなら、"冬になったら南へ移動した"と考えることが可能だった。しかし、実際にはその厳しい環境で小さい子どもがすんでいた。子どもなら移動ができないはず。だから、この子どもと一緒にいた群れは、冬を越していた可能性が高くなる。こ

アメリカ・アラスカ州のデナリ国立公園の奥地にひっそりと残れたハドロサウルスの大人と子どもの足跡の化石。

大人と子どもの足跡が同じ方向を向いていることが重要。ハドロサウルスが群れで生きていたことを示唆している。

の化石があることで、少なくとも恐竜の一部は、北極圏で越冬していたということが言える」（小林さん）

アラスカでの調査から見えた「隕石衝突を突破する上で助けとなる特別な能力」とは、この「寒さへの適応力」だったのだ。

小林さんは、たとえ衝突の冬というきびしい環境が突然訪れたとしても、寒さに強いこの種の恐竜であれば、ある程度適応し、生き抜くことができたに違いないと考えているのだ。しかも小林さんは、アラスカに足跡を残したハドロサウルス類に限らず、同じ仲間に属するカムイサウルスも、より低緯度ではあるが、アラスカの仲間と同様に寒さに対応する能力は持っていたに違いない、と考えている。

しかも、北極圏で越冬しながら暮らしていた恐竜は、ハドロサウルスの仲間だけではない。角竜や獣脚類も暮らしていた。さらに南極圏にも恐竜たちが数多く生きていたことがわかっている。彼ら極圏で越冬しながら暮らしていた恐竜たちであれば、たとえ衝突の冬と出くわしても、その逆境を突破できる力を備えていたに違いない、というのだ。

「あらゆる恐竜が全地球規模の、きびしい環境で生活できたという証拠が出てきている。衝突が起きて、長い冬がやってきても、生活できた恐竜がいたと考えている。しかも、数十年、数千年単位で、そんなきびしい環境が続いたとしても、恐竜たちは生き延びることができた、と私は思っている」と小林さんは力強く答えた。

衝突の冬の最中、地熱を利用して子孫を残そうと、卵を産むプエルタサウルス。「こんな姿があっただろう」と田中さんは語る。

衝突の冬の最中でさえも、子孫を残すことができた?

恐竜が産んだ卵を研究する筑波大学の田中康平博士も、
「恐竜絶滅の定説にまだまだ研究の余地がある」
と考えている研究者の一人だ。

　しかも、田中さんは「単に恐竜が衝突の冬を突破することができただけでなく、中には衝突の冬の最中でさえも繁殖をし、子孫を残すことができた恐竜もいただろう」と考えているのだ。

　その恐竜とは、第1章で紹介した、あの南半球ゴンドワナで生きていたプエルタサウルスの仲間たち。つまり、ゴンドワナの竜脚類たちだ。彼ら南アメリカの竜脚類の仲間（の一部）は、1cm近くにもなる分厚い殻をも

北海道弟子屈町の硫黄山を冬に訪ねると地熱で雪が積もっていない場所があった。こんな環境を利用して繁殖する恐竜であれば衝突の冬の最中でも繁殖できたのではないだろうか。

った卵を産んでいた（P.46-51で詳しく紹介）。そんな分厚い殻の卵を産んだ理由は、もともとはその卵を火山帯、地熱地帯に産み落とし、その熱で卵を温める、という巧みな繁殖方法を実現するためだった。その地熱帯の土壌が酸性で、卵の殻が溶けてしまうため、それに対応するために、あらかじめ分厚い殻の卵を産むという適応だったのだ。しかも、殻が分厚い卵は固く、天敵の肉食恐竜が食べにきても簡単には噛み割ることができない、というメリットもある、とてもよくできた繁殖術だった。

そして、田中さんはこの独特な繁殖術であれば、衝突の冬の最中での繁殖にも有利に働いた、と指摘するのだ。

なぜなら衝突の冬の最中でも、火山地帯の地熱地域であれば、その状況は変わらなかっ

た可能性が高い。もともとそうした場所を活用して繁殖をしていた恐竜たちであれば、何事もなかったようにいつもの地熱帯で卵を産み、その熱で温め、卵を孵せていたはずだ、というのだ。

田中さんにこの趣旨のインタビューをするため、北海道弟子屈町にある硫黄山を真冬に訪問した。

気温はもちろん氷点下。あまりの寒さに田中さんも私も手がかじかんだが、周囲の山々が真っ白であったのに対し、硫黄山の地熱が届く範囲の地面に限っては、本来あるはずの雪も溶け、茶色の地面がそのまま見えていたのが印象的だった。

◆恐竜学者たちが考える隕石衝突後の物語❹

衝突の冬のさなかに生き延び、子孫を残した恐竜たち

隕石衝突で舞い上がった塵が、地球全体を覆い始めた衝突の冬。全地球の平均気温がおよそ20℃も低下。南極にあった避難所でも同じ状況が生じたと考えられている。

空は隕石衝突で舞い上がった塵の雲に覆われ、地上は雪に閉ざされている。しかし、レッドたちは生きていた。時には葉の落ちた木々に近づき、小枝を折って食べ始めたこともあったに違いない。

「枝だって大切な食料だ」枝を食べ終えると、歩き始める。

実はプエルタサウルスには、衝突の冬を生き

抜くのに適したある特別な能力があった。突然、長い首を雪の積もった地面に下ろすレッド。下顎を雪につけながら首を左右に振る。下顎に張り巡らされた神経がセンサーの役割をし、これで雪の下に隠れている植物を探しているのだ。

動きが止まった。

強烈な鼻息で雪を吹き飛ばすレッド。雪で覆われていた植物が現れる。

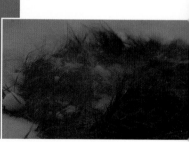

植物を食べるレッドとパートナー。その様子を離れた場所から見るステゴウロスたちは、恐る恐るレッドたちに近づき、おこぼれを食べ始める。

恐竜たちの多くには、たとえ衝突の冬にさらされても、その逆境を生き抜く力が備わっていたのだ。

隕石衝突から3年後。
レッドとパートナーは、大人になっていた。
全長は20mに達した。そしてこの日、レッドのパートナーは大切な日を迎えていた。

雪が積もっていない地熱帯にやってきた。
肢（あし）を使い、地面を掘り始めたパートナー。
そう、産卵だ。
たとえ衝突の冬に出くわしても、地熱を利用した方法なら卵を温めることができたはずだ。

3カ月後。卵が割れ、レッドたちの子どもが生まれる。生き残り競争が厳しいゴンドワナで命をつなぐために得た知恵が、隕石衝突後の世界での新しい命につながった。
少し離れたところには、レッドとパートナー。
ふと、空を見上げるレッド。暗く閉ざされていた空に晴れ間がのぞく。衝突の冬は、数カ月、長くても数年だったと考えられている。

レッドたちは衝突の冬を、
生き延びたのだ。

 # 恐竜はなぜ
絶滅したのか？❶

細かく見ていけばいくほど、衝突によるどんな災害に出くわしても、
生き延びる個体が次々と出てきそうな恐竜たち。
恐竜の絶滅は、決して単純な話では片づかない。

とはいえ結果として、どこかの時点で「鳥を除く恐竜」が絶滅してしまったのは明白な事実だ。

なぜ、最終的に恐竜は絶滅したのだろうか。

まず、よく言われてきたことだが、「恐竜はその体が大きかったから絶滅した」という指摘はどうだろうか。

従来、恐竜の絶滅説では、「恐竜は巨大だった。隕石衝突の時にその大きな体を維持するのに必要な食料を確保できなかった。それ

恐竜といえば、ティラノサウルスのような巨大生物ばかりを想像するだろう。しかし実際には、ハクチョウよりもずっと小さな恐竜たちも多数生きていた。

小型恐竜は絶滅し、なぜ鳥は生き延びたのか？
「新たな難問だ」と語る田中さん。

が大きな原因となって死に絶えた」といわれることが多かった。

　しかし実際には、この指摘に当てはまらない例外が出てくる。とても小さな、まるでペットのイヌやネコのようなサイズの恐竜も生きていたことが、次々とわかってきているからだ。たとえば、筑波大学の田中さんたちが2020年に報告した、兵庫県で見つかったヒメウーリサスもその一つだ。

　卵の大きさはわずか4.5cm。世界最小の恐竜卵と認定されている。その卵を産んだ親の化石はまだ見つかっていないが、推定される

親の大きさは人の両手に収まるほどの極小恐竜。たとえていうならば、カモメくらいの大きさだったというのだ。もちろん、ヒメウーリサスが生きていたのは隕石衝突の時よりもずっと前の時代にあたる白亜紀前期だが、こうした小型恐竜が恐竜時代の最後まで、たくさん生きていたのは間違いないと考えられている。

　だから、こうした小型の恐竜であれば、隕石衝突後の世界を鳥や哺乳類と同じように生き延びることができてもおかしくなかったのではないか、と田中さんは言うのだ。

「なぜ、恐竜が絶滅したのかというのは大きな謎。当時、同じ時代を生きていた鳥や哺乳類は、体が小さいために生き延びたといわれている。ただ実際には、白鳥よりもずっと小さな恐竜が実は数多くいたことがわかってきた。だから、なぜ隕石衝突で、大きなものだけでなく小さな恐竜たちも絶滅してしまったのか。対して鳥類、哺乳類は生き延びたのか。このことが、新たな難題として浮かび上がってきた」と田中さんは語った。

「恐竜はその体が大きかったから絶滅した」という、単純な話では決してないことは明らかだった。

恐竜はなぜ
絶滅したのか？②

恐竜はなぜ絶滅したのかという問いに対して、
「世代交代サイクル」の違いが絶滅した
恐竜と生き延びた哺乳類や鳥との運命を分けたという指摘もある。

　この指摘も体の大きさと関連した話だが、巨大な恐竜は世代交代のサイクルが大きかったため、環境変動に適応することが難しかった、という指摘もある。

　たとえば、南アメリカのプエルタサウルスの仲間の場合、個体としては衝突後の世界を生き延びることができたとしても、「十数年単位で世代交代する」という所が不利に働く可能性がある。なぜなら、急激な環境の変化に進化という形で適応するチャンスが減ってしまうからだ。一方の哺乳類や鳥などの小型

生物は、世代交代サイクルが短かった。そのため、プエルタサウルスのような大型恐竜がたった1回世代交代する時間の中で、小型生物であれば10回以上は世代交代ができたかもしれない。その分、進化するチャンスを多く獲得でき、環境の変化により対応することで、次世代を残しやすくなったという理屈だ。

　この指摘はもっともであるが、それでもやはり謎は残る。すでにふれたように、最新研究から鳥や哺乳類の先祖と大きさの変わらない手乗りサイズの非常に小さな恐竜が多数い

たことが明らかになっているからだ。彼ら小さな恐竜であれば、世代交代のサイクルは鳥や哺乳類とそう変わらなかったに違いない。そうであれば「同じ小型の生物だったのになぜ恐竜が絶滅し、鳥や哺乳類が生き残ったのか？　その違いは何なのか？」という疑問は残り続けるのだ。

「考えれば考えるほど、結局は運だった」という指摘も多くの研究者から聞く。アメリ

トロオドンの仲間の頭骨をもつ、ウィットマー博士。

カ・オハイオ州立大学のローレンス・ウィットマー博士は、「遺伝的な多様性」という視点から恐竜絶滅のプロセスを説明してくれた。
「衝突による絶滅の直後、ある種の避難所で生き残った恐竜の個体数は、比較的少なかったに違いない。その結果、生き延びた恐竜の遺伝的多様性は劇的に低下したと思われる。遺伝的多様性は種が存続する上でとても重要。だからこそ現在の動物園では、野生下で数を減らし遺伝的多様性を失いつつあるサイやゾウのような動物たちの、遺伝的多様性をなんとか維持しようと努力している。しかし当時の恐竜には、遺伝的多様性を守ってくれる存在はなかった。だから、恐竜は数百年、数千年、数万年の間に遺伝的多様性を低下させ、個体群を維持できなくなっていったのではないだろうか。個体数が減少し続け、やがてゼロになり、結果として恐竜は絶滅していった……と考えている」（ウィットマーさん）

この指摘も、小型の恐竜が鳥や哺乳類と運命を分けた理由については説明しきれていない。しかし、隕石衝突後の世界を生き延びた恐竜たちが、結局は消えさってしまったことの大きな要因として考えられるのではないだろうか。

それにしても、今の世界に"隕石衝突後の恐竜たち"と同じ状況にある動物が数多くいるという指摘は興味深い。アフリカゾウやジャイアントパンダ、ホッキョクグマなど、今、絶滅が心配されている動物たちのことだ。
「いやいや目の前でしっかり生きている」と、思うかもしれないが、実際には彼らは遺伝的な多様性を次第に失いながら絶滅へと向かっているのだ。
「隕石衝突後の世界を生きた恐竜たちにも、そんな通過点があったにちがいない」というウィットマーさんの話を聞いて、そんな思いをめぐらせた。

◆恐竜学者たちが考える隕石衝突後の物語❺

レッドの子孫はきっと、数百年、数千年、またはそれ以上、生き続けた

あの隕石衝突から数十年が経った南極。

そこにはまだ、プエルタサウルスの群れがいた。あのレッドも、35〜40mの大きさまで成長し、群れのリーダーになっていた。
こうした力強く、生きる力にあふれた姿こそ、最新研究から浮かび上がってきた恐竜たちの姿だ。

もちろんその足元には、今の私たちへとつながる哺乳類も生きていた。その大きさはまだ小さく、現在のネズミくらいだった。

もう一つ、今の私たちの世界で繁栄する生物もすでに生まれていた。鳥だ。

当時の南極では、ベガビスと呼ばれる鳥が生きていた。そのベガビスがレッドの背に止まり、小さな虫を食べている。ベガビスは現在のカモに近い鳥。現代の鳥に近い仲間ももうすでに出現し、レッドと共に生きていたのだ。

しかし、隕石衝突から数十年を経てもなお、恐竜たちは君臨していた。
「鳥や哺乳類にまだ時代は譲らない」
そんな声すら聞こえてきそうなほどの力強い恐竜たちが、隕石衝突後の南極できっと生き続けていたのだ。

そして彼らは、隕石衝突後の世界で数百年、数千年、またはそれ以上、世代交代を繰り返しながら、生きていたに違いない。

そんな可能性が浮かび
上がってきているのだ。

絶滅から20万年後の恐竜が見つかった!?

恐竜たちは、隕石衝突の日からいったいいつまで、生き延びていたのか？
多くの研究者から「意外と長く生きていた可能性が高い」という指摘は受けたが、
何かもっと "具体的な証拠" はあるのだろうか？

　実は一つ、隕石の衝突地点に近い、アメリカ、ニューメキシコ州の荒野から、論争の対象にもなっている "驚きの恐竜化石" が見つかっている。

　隕石衝突後、5万〜20万年経った地層から、恐竜の化石が見つかったという報告だ。

　そんなショッキングな研究を発表したのは、元USGS（アメリカ地質調査所）研究員で、独立地質学研究者のジェームス・ファセットさん。89歳。

　2002年に「死ななかった恐竜たち：ニューメキシコ州サンホアンベーシンのオホ・アラモ層から見つかった新生代恐竜の証拠」という論文を発表している。

　ファセットさんは、オホ・アラモ層と呼ばれる恐竜化石が多く見つかる地層の特に上部、誰もが新生代と認める地層から、大きな恐竜の骨が見つかったことを報告。この恐竜を新生代恐竜（Paleocene dinosaurs）と呼び、大きな注目を浴びたのだ。

　2022年10月、私たちはニューメキシコのアルバカーキを訪問、実際に報告された "新生代恐竜" の化石の一つをファセットさんに見せてもらった。

　その化石は、ニューメキシコ大学に保管されていたハドロサウルス類（カムイサウルスの仲間）の太ももの骨だった。アメリカ最大級のハドロサウルスの骨だそうで、とにかく

大きな骨だった。そして、この化石が、恐竜が絶滅した後の時代、新生代の地層から見つかったというのだ。

「見つかったハドロサウルスの化石が、隕石衝突より5万年以上後であるというのは、化石が見つかった場所の花粉の分析などから明らか。私はこの恐竜を"新生代恐竜"と呼び、隕石衝突後の世界を生きていた恐竜だと確信している」(ファセットさん)

しかし、このファセットさんの研究論文には反証論文もある。見つかった化石の恐竜はあくまで再堆積とよばれる現象の結果、新生代の地層に紛れ込んだにすぎない、というのだ。つまり骨の主はあくまでも恐竜時代に生きていた恐竜だった。その骨は一度、土に埋まったが、その後、新生代になってから何かの理由で地表に露出し、再度、埋まった。その結果、新生代の地層から恐竜の化石が見つかった、というのだ。

実際のところ、恐竜学者の間ではこちらの反対意見の方が優勢のため、ファセットさんの研究成果はほとんど注目されていないのが実状だ。しかし真相はどうなのだろうか。

実は私たちがアルバカーキを訪れたこの日、ファセットさんはとても重要な日を迎えていた。

恐竜研究の世界的権威、フィリップ・カリー博士が、"渦中の化石"を直に見に来たのだ。実はカリーさんとは2006年に放送した、NHKスペシャル「恐竜vsほ乳類」という番組に出演していただいて以来、複数の番組の撮影でお世話になっている。2017年、アルバータ大学で一緒に昼食を食べながら話したとき、「恐竜絶滅に関してはまだ、わからないことが多い。"あらゆる可能性"が残っているのが実情で、"新生代恐竜"のことを頭ごなしに否定するのはよくない」という趣旨の話を聞いたことが印象に残っていた。

だからこそ今回、カリーさんに「新生代恐竜の化石を自身の目で見てみませんか?」と相談したのだ。ファセットさんは地質学者。古生物学者とは論争はするものの、あまり交流がない様子で、カリーさんと会う直前には緊張している様子だった。

実際に化石を見ることができたカリーさんは「おお」と声を出し、感動していることが一目でわかった。では、再堆積か否かという論争についてはどうか。それはファセットさんにとっても驚きの結果だった。

「これが新生代の地層から見つかったということは、大変興味深い。なぜなら、こんなに巨大な骨が再堆積することはまず想像できないから。こうした骨はとても早く脆くなってしまう。普段調査しているカナダの例でいうと、こうした大きな骨は数カ月も露出していれば、すぐに粉々になってしまう」(カリーさん)

カリーさんは一目見て、再堆積とは思いにくい化石だと、指摘したのだ。

「私もそう考えている。化石のコンディションがとてもよく、再堆積は難しいと考えている」と、即座に同意するファセットさん。

この化石を保管するニューメキシコ大学は、このやりとりを聞き、渦中の化石を改めて詳しく調べることになった。この先の展開に目が離せない。

「私が強調したいのは、新生代のアメリカ・ニューメキシコで生きていた恐竜はそれなりに多様性のある集合体だった、ということ。

ハドロサウルスだけでなく、角竜、獣脚類と、異なる恐竜がかなりの数、生き残っていた。自分の研究に基づくと、新生代の恐竜は隕石衝突から最大20万年は生きていた、という物語が浮かび上がってくる。いったいなぜなのか。そしてその後どうなったのか。それらの答えを知るのは難しく、この先の研究に頼ることになる」(ファセットさん)

3

恐竜絶滅編

CG絵巻

◆ファセットさんの研究を参考につくった物語

「哺乳類の時代」に
あったかもしれない
「恐竜たちの世界」

巨大隕石衝突直後の北アメリカ大陸。

激しい爆風の影響で、エドモントサウルスの巣が壊れている。

ところが、そんな巣の中からエドモントサウルスの赤ちゃんが
出てきた。生き延びたものがいたのだ。

そして、もし、ファセットさんの研究が正しければ彼らの仲間
はその後、驚くほど長く、命をつなぐことになった。

ここは、隕石衝突から20万年後の北アメリカ、
今のニューメキシコ。
新生代暁新世と呼ばれる、いわゆる「哺乳類
の時代」の始まりにあたる。
現れたのは大型の哺乳類。現在のカピバラほ
どの大きさ。

しかし、そこにはまだ、大型恐竜の一つ、エドモントサウルスも生きていた。
暁新世に入ってもなお、恐竜たちの生き残りが哺乳類と共に生きていたのだ。

はたして
本当の真相は？

さらなる手掛かりは、まだ地球の地下のあちこちに残され、掘り起こされる時を待っている。

恐竜絶滅
引き継がれる研究

「恐竜は隕石衝突で絶滅した」おそらく、この定説は今でも正しい。
しかし、衝突の後の世界を意外なほど長く生きていた恐竜たちが存在していた
可能性が最新の研究から浮かび上がってきた。

「隕石衝突が起きてから絶滅するまで長い時間を要した恐竜も、隕石衝突が原因で絶滅した」といえるのか。そんな疑問が水面下でくすぶっているのも確かだ。「たとえそうだとしても、"地質学的には一瞬"のことなので言える」という意見もあれば、「言えない」という意見もあるだろう。

渦中の新生代恐竜を研究するファセットさんはこう答えてくれた。

「世界のほとんどの人は大衆メディアで読めることから"地球上の恐竜は一匹残らず、隕石衝突が起きた時点、白亜紀の最後、新生代の直前に死に絶えた"と学んでいる。しかし、自分の研究ではそのうちのいくつかは生き残っていたことを示している。この研究は堅固たる確実なデータに基づいており、こうであると期待したいということを言っているわけ

ではない。この先、化石の骨自体の年代測定を行ない、もっと情報を集められるようになれば"新生代の恐竜は疑いもなく存在していたんだ"と確信をもって言えるようになり、やがては科学界もそれを受け入れることを期待している。そして、次に"恐竜は最終的にはどうやって絶滅したのか？"という質問が出てくるに違いない」（ファセットさん）

果たして、恐竜絶滅の真相はこの先の研究で、どうなっていくのだろうか。10年後、20年後、私たちはこの疑問についてどんな回答を持っているのだろうか。

最後に、今回の取材に協力してくれた研究者の方々の今の思いを紹介させてもらいたい。

「恐竜の素晴らしいところは、研究できることがまだまだたくさんあること。自分が子どもの頃は恐竜について、すべてのことを知っ

ていたかのように思われていた。当時は500種ほどが知られていたが、実際には生きていた恐竜の１％も知らないのが実情だと思う。今では新しい研究手法も次々開発され、100年前に発掘された古い標本も、新しい研究手法で見返すことが可能になっている。自分が過去に掘り出したT-Rexを、今では顕微鏡下で研究しているのは奇妙で驚くべきことだ。こうした変化が進めば、魅力的な生物の生態について、もっともっと学ぶことができるだろう。そして古生物学の素晴らしいことは、恐竜について知れば知るほど、我々がよく知らなかったことに気付かされることなのだ」（カリーさん）

「科学者は探偵と似ている。私たちはミステリーが大好き。私たちは地球最大ミステリーの一つに取り組んでいる。"6600万年前、地球上の恐竜とほとんどの生物に何が起こったのか？"これは難しい問題だ。今、私があなた方にすべての答えをあげられるといいのだが、それはできない。これから何十年経っても、答えを見つけなければならない問題があることはわかっている。だから、今の若い人々に学んでもらうこと、これらの大きな問題に引き続き取り組んでもらうこと、そのた

めの新しい技術を開発していくことが非常に重要。もしも私が50年後に再び戻ってこられたら、後継者たちが何を新たに学んだのかを見てみたい。後継者がより問題の解決に近づいているはずなので、多分、恐竜絶滅のストーリーはもっともっと興味深くなっているだろう」（クリングさん）

「恐竜の絶滅について、私が感じていることは、科学にはまだあまりに多くの疑問が残っているということ。発見すればするほど、学べば学ぶほど、疑問が増えていく。時としてそれらの疑問は、他の疑問の答えを得るまで、何であるかさえわからないことがある。それにフラストレーションを感じるはずだが、実は同時に、それはものすごくエキサイトすることでもある。そのようなことがあるから、科学者は生涯活動的に研究を続けられるのだろう。まだまだ、もっと知るべきことが残っている。私たちは答えを求めて苦戦し、そして答えを見つけては、さらに疑問を見つける。そして、少しずつ、物事は明らかになり始める」ウィットマーさん）

この先、私たちは恐竜絶滅の真相に、どのように、どのくらい、肉薄していくことができるのだろうか。

用語解説
GLOSSARY

本書に登場した用語を解説する。

1. 化石

太古の生き物の死体や、足跡などの生きた痕跡が地中に埋没して保存されたもの。恐竜類では、骨、歯、爪、皮膚、ウロコ、羽毛などの「体化石」と、胃石、糞、吐しゃ物、卵、巣、足跡、噛み跡などの「生痕化石」がある。

2. 恐竜

約2億3000万〜6600万年前の中生代に、陸上で繁栄した爬虫類の仲間。他の爬虫類とは異なり、体から真下に肢が伸びる特徴があり、1200種ほどが確認されている。現在、子孫である鳥類がいるので、厳密には、6600万年前に絶滅した恐竜は「非鳥類型恐竜」と呼ぶ。

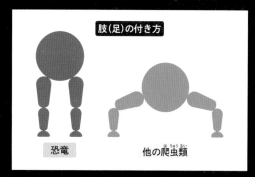

肢（足）の付き方

恐竜　　他の爬虫類

3. 海棲爬虫類

海で暮らしていた爬虫類のことで、海竜とも呼ばれる。恐竜時代の海では、首長竜類、魚竜類が長く繁栄し、白亜紀後期になるとモササウルス類が現れた。他にも、カメ類が白亜紀前期に海に進出していた。

4 三畳紀

恐竜類が地上に現れた約2億3000万年前を含む、中生代の最初の地質時代（約2億5000万〜2億年前）。古生代最後のペルム紀との境界では、大気中の酸素が大幅に減り、それまで陸上で繁栄していた哺乳類の祖先が大量絶滅した。代わりに効率のいい呼吸ができる器官「気嚢」をもつ恐竜が繁栄しはじめた。

5. ジュラ紀

中生代の真ん中の地質時代（約2億〜1億4500万年前）。一つの巨大大陸（パンゲア）が分裂したことに伴い恐竜類の種類が増えたと考えられ、大型化も進んだ。ステゴサウルスなどの植物食恐竜や、アパトサウルスなどの竜脚類の仲間が繁栄し、現生鳥類との共通祖先をもつ始祖鳥が現れた。

6. 白亜紀

中生代の最後の地質時代（約1億4500万〜6600万年前）。肉食恐竜の大型化が進みティラノサウルスが出現した。被子植物に適応した植物食恐竜も繁栄したが、6600万年前にユカタン半島に巨大隕石が衝突したことにより、後に鳥類となる一部の恐竜類を除き絶滅した。

7. 装盾類

鳥盤類の仲間で、ステゴサウルスなどのように背中に板状の飾りをもつものや、アンキロサウルスのように装甲をもつものなどが含まれるグループ。

8. 鳥脚類

鳥盤類の仲間で、脚が現世の鳥に似ていることから付いた名前。ハドロサウルス類などが含まれるグループ。植物食で、顎や歯が発達している。2足、または4足併用歩行する。ジュラ紀前期〜白亜紀後期に、地球上の各地に生息していた。

9. 周飾頭類

鳥盤類の仲間で、トリケラトプスのように、頭の周りに骨でできた飾りや、角などをもつグループ。

10. 竜脚形類

竜盤類の仲間で、全長36mになるアルゼンチノサウルスなど、地球上で最も巨大な生物のグループ。頭が小さく、首が長く、4本足で歩いていた。1億年以上、世界中に分布していたので「恐竜の王様」とも呼ばれる。

11. 獣脚類

竜盤類の仲間で、ティラノサウルスなどを含む、現在、地球上にいる鳥類に進化したグループ。多くは肉食恐竜で、尾でバランスをとりながら2本足ですばやく動くことができた。前肢の指は3本のものが多い（ただしティラノサウルスは2本）。近年、体の羽毛による覆われ方についての議論が活発。

12. 羽毛恐竜

羽毛をもつ恐竜類のこと。1996年に中国で発見された
シノサウロプリテクス（獣脚類）は、羽毛を伴う世界初
の化石。この大発見を嚆矢として、鳥類は恐竜の子孫と
いう考え方が確かなものになった。恐竜の羽毛は、保温、
托卵、求愛、飛翔などの役に立ったと考えられている。

13. 鳥類

現在、地上に1万種いる脊椎動物の仲間。その多くは飛
ぶことに特徴がある。始祖鳥は約1億5000万年前に絶
滅したため、鳥類の直接の祖先ではない。ティラノサウ
ルスを含む獣脚類のデイノニクスに近い仲間から進化し
たとされる。

14. 羽毛

恐竜類の羽毛はウロコから進化したと考えられている。
ウロコに繊維状の構造ができてチューブ状の原始的な羽
毛が誕生。その後、羽毛が枝分かれを繰り返して左右対
称の「正羽」がうまれ、さらに飛翔する翼に特徴的な左
右非対称の「風切羽」がうまれた。

15. 爬虫類

脊椎動物の四足動物の仲間で、現生のトカゲ類、ヘビ類、
カメ類、ワニ類、鳥類、絶滅種の首長竜類、恐竜類など
を含む。両生類と異なる点はエラがないこと、また胎児
を包むための羊膜をもつので、陸上で一生を過ごすこと
ができる。

16. 哺乳類

脊椎動物の四足動物の仲間で、カモノハシなどの単孔類、
カンガルーなどの有袋類、ヒトなどの真獣類（有胎盤
類）からなる。

17. 両生類

爬虫類や哺乳類と同じ脊椎動物で、四足動物の仲間であ
る。幼生期にエラをもち、羊膜はない。極地と海を除く
世界中に分布する。

18. プレートテクトニクス

地球表面を覆う十数枚のプレートが水平方向に動くこと
に基づいて、地震、火山、造山活動など、地球上のさま
ざまな現象を読み解く考え方。プレートは厚さ100km
ほどの硬い岩石層で、地殻と上部マントルからなる。

主な参考文献

● 『NHKスペシャル 恐竜超世界』（日経ナショナル ジオグラフィック）
● 『NHKスペシャル 恐竜超世界 IN JAPAN』（日経ナショナル ジオグラフィック）
● 『ダーウィンが来た! 生命大進化』（日経ナショナル ジオグラフィック）
● 『図録 海竜〜恐竜時代の海の猛者たち〜』（福井県立恐竜博物館）
● 『図録 福井の恐竜新時代』（福井県立恐竜博物館）
● 『NHKダーウィンが来た!特別編集 知られざる恐竜王国!!
　　日本にもティラノサウルス類やスピノサウルス類がいた!』（講談社）
● 『恐竜の教科書 最新研究で読み解く進化の謎』（創元社）
● 『恐竜研究の最前線 謎はいかにして解き明かされたのか』（創元社）
● 『Newton大図鑑シリーズ 恐竜大図鑑』（ニュートンプレス）
● 『決着! 恐竜絶滅論争』（岩波書店）

おわりに
"謎"がうごめく恐竜研究へのいざない

筆者は2010年に、NHKスペシャル「恐竜絶滅 ほ乳類の戦い」という番組を、ディレクターとして企画・制作し、放送している。「6600万年前（放送時は6550万年前だった）のある日、直径10kmの巨大隕石が衝突。その結果、北アメリカを襲った火球、巨大津波、世界規模の森林火災、そして衝突の冬などが立て続けに発生。隕石衝突に起因した災害の連続によって恐竜たちは消え去った。その結果、哺乳類の時代が始まった」と紹介したのだ。

しかし、話がここで終わらなかったのは、94〜95ページで紹介した通りだ。放送から数年経った頃、北海道大学の小林快次博士が、アラスカでの研究成果をもとに「恐竜絶滅の原因はまだ完全には解明されていない、決着していない」と話すのを聞き、驚いたのだ。そして、この時に生じた、「恐竜絶滅の原因はまだ確定していない？」「何が違うの？」といった小さな、小さな"疑問の種"が、時間経過と共に、静かに、静かに大きくなっていった。

そして2019年。NHKスペシャル「恐竜超世界」の放送を終え、続編企画を模索していた時に「ゴンドワナの恐竜たち」というテーマと共に、頭に浮かんだのが「恐竜絶滅の謎」だった。丁度、前回放送したNHKスペシャル「恐竜絶滅」の放送から10年を経たこともあり、改めて「恐竜絶滅の謎に迫ってみたい」という思いが自分の中で強くなったのだ。

2019年秋、オーストラリア・ブリスベンで開かれたSVP（古脊椎動物学会）を訪問し、学会に出席する世界第一線の研究者たち十数人にアポを取り、「恐竜絶滅に関する質問」をローラー式にぶつけてみた。

「隕石衝突後も恐竜が生きていたとすると、具体的にどのくらいの間、生きていたと思うか？」

「特にどこで恐竜たちは生きのびていた可能性が高いのか？ "避難所"のような場所があったと思うか？」

こうした質問に対する答えは96ページでふれた通り、ほとんどの研究者が「恐竜絶滅の原因は隕石衝突」という点は認めつつも、意見の詳細は見事にバラバラだった。しかも"恐竜たちの避難所の存在"を実際に想定していた研究者も意外といっていいほど多いことに驚いた。

SVPでの取材で「行ける！」と考えた私は、その後、取材をさらに本格化させた。取材を進めるにつれ、もともとは別の発想から生まれた「ゴンドワナの恐竜たち」というテーマと、「恐竜絶滅の謎」というテーマが、

バジャダサウルスの模型と写る、筆者の植田和貴と松舟由祐。

見事といっていいほどにシンクロし絡み合っていくプロセスが、取材者として本当に面白かった。

　そしてその調査取材に基づいて、描き出したのが第3章で特集した「恐竜学者たちが考える隕石衝突後の物語」なのだ。皆さんはそれを読み、どう感じただろうか？

　恐竜に代表される古生物学の面白さ、醍醐味はやはり、「絶対の正解がわからない領域が大きい」という点につきる。だからこそ、第一線の研究者でさえも、同じ証拠を見ながらも意見がバラバラになるのだ。恐竜研究の世界的な権威であるフィル・カリーさんも取材の最後

に「新しいことがわかればわかるほど、新たな謎が浮かび上がってくる」と笑顔で語ってくれたことが記憶に深く刻まれている。

　本書をきっかけに、"謎"がうごめく恐竜研究の世界に新たな"探偵"の一人として、"参戦"を決意するお子さんや若者が一人でも多く増えてくれれば幸いだ。

　果たして今から10年後。20年後。そして50年後。「恐竜絶滅のストーリー」はどんな風に語られているのだろうか。

NHKエンタープライズ自然科学部
シニア・プロデューサー

植田和貴

さくいん
INDEX